可持续设计

[美] 大卫·伯格曼 著
徐馨莲 陈然 译

江苏凤凰科学技术出版社

图书在版编目（CIP）数据

可持续设计 /（美）大卫·伯格曼著 ；徐馨莲，陈然译．-- 南京 ：江苏凤凰科学技术出版社，2019.4
ISBN 978-7-5713-0137-8

Ⅰ．①可… Ⅱ．①大… ②徐… ③陈… Ⅲ．①建筑设计－研究 Ⅳ．①TU2

中国版本图书馆CIP数据核字(2019)第032930号

Sustainable Design：A Critical Guide /David Bergman
First published in the United States by Princeton Architectural Press

可持续设计

著　　者　[美] 大卫·伯格曼
译　　者　徐馨莲　陈　然
项目策划　凤凰空间 / 曹　蕾
责任编辑　刘屹立　赵　研
特约编辑　石　磊

出版发行　江苏凤凰科学技术出版社
出版社地址　南京市湖南路1号A楼，邮编：210009
出版社网址　http：//www.pspress.cn
总　经　销　天津凤凰空间文化传媒有限公司
总经销网址　http：//www.ifengspace.cn
印　　刷　天津久佳雅创印刷有限公司

开　　本　710 mm×1 000 mm　1 / 16
印　　张　12
版　　次　2019年4月第1版
印　　次　2019年4月第1次印刷

标准书号　ISBN 978-7-5713-0137-8
定　　价　59.00元

图书如有印装质量问题，可随时向销售部调换（电话：022-87893668）。

序

理想未来，始于设计之变

人类越来越陷入文明发展酿成的迷局之中，辗转挣扎。

经济全球化引发的经济危机和生态困境使得来自世界各地的雄心勃勃的政治家们开始在哥本哈根讨论改善人类未来的议题和职责；传统的产业现代化浪潮在世界各地逐渐被理性的绿色智慧型开发所替代。追求更高品质的环境、更加舒适幸福的生活、更加负责任的教育正逐渐成为人类面向未来的共识。在这样的时代背景之下，全球绿色规划和可持续设计正在成为一种专业方向、原则和基准。

《可持续设计》一书，用清晰、质朴、理性的专业语言及启发性的思维模式向读者阐述了可持续设计的必要性、可行性和评价基准。本书的开篇通过对历史的回眸和镜鉴，引发人类对现在的反思和对未来设计哲学和方法的深度思考，赋予可持续设计以面向未来的责任和使命；接下来对涉及可持续设计的场地、水、能源、材料等相关方面进行深入浅出的介绍，为学科的纵深探索和专业的横向整合奠定基础；最后，作者对可持续设计的评级和量化进行了介绍和评述，对未来给予了期待和展望。纵观全书，来自全球视野的数据图表、案例分析极为丰富，观点论据清晰，一气呵成，几乎没有同类书籍的拖沓、晦涩之感，是一本易读、耐读的专业好书。

中国正处于追求深化改革、经济发展、环境改善与社会和谐的关键历史阶段。面对环境质量恶化以及地震、内涝等自然灾害频发的严峻现实，曾经为土地财政推波助澜的“愿景规划”和好大喜功、不计代价的“标志性设计”在国内各地仍然举目皆是，它们打着绿色设计、可持续项目的噱头此起彼伏。其热情可嘉，但遗憾的是，由于对可持续目标、方法、路径等核心要素认识的表面化使得巨大的行动努力收效甚微，甚至适得其反。

相信本书能够为国内外困于思维定式的广大读者开启智慧之眼，重拾远见；使更多有志于可持续发展的政府官员、专业工作者、开发商和广大市民能够有的放矢、齐心协力；用更加科学、专业的工作方法和技术手段取代浮躁、片面、非理性的浮夸设计和不计代价的示范建设，让未来的生活更幸福、环境更美好。

人类新文明，始于我们对可持续设计的理解、行动、睿智和共同不懈的努力。

李凤禹

思朴国际总裁、首席规划设计师

目录

致　谢

如果不向前人所做的大量努力致敬就开始本书未免太过自大，所以我将努力将其综合总结于此。这些需要致谢的包括那些我从未见过的作者，他们所写的书让我从中学习到很多，还有那些让我很欣赏其设计的以及和我合作的人。从梭罗和他对未来科技的恐惧到巴克敏斯特·福勒和他对技术措施的大胆远见，从瑞秋·卡森的预感到比尔·麦吉本的实验乐观主义和现在世界范围内到处涌现的生机勃勃的设计，这些人奠定了现代环境主义和可持续设计的基础，他们领导了时代的先锋。

当然，还有一长串的名单我需要特别致谢。首先一定是鼓励我来写这本书的凯文·利伯特，还有在普林斯顿建筑出版社的克莱尔·雅各布森、劳丽·曼弗拉、詹妮弗·利伯特，特别是简·豪克斯和梅根·凯利。

感谢我的助手杰森·贝利、米歇尔·卡列里，他们很聪明并且提供了很多帮助。迈克尔·博格丹菲–克雷、大卫·K·萨格特和克里斯·加文为本书的早期几稿提供了非常有价值的内容。在以下名单中，我可能会漏掉一些曾经对我进行了直接或者间接帮助和鼓励的人，在这里同样向他们表示感谢。

在帕森斯新设计学校和其他地方任教，让我有了源源不断的动力来发现一些连贯且简洁的方法用来阐述、解释一些复杂和互相重叠的概念。走上这条道路，我需要向托尼·惠特菲尔德致以极大的敬意。

我认为我从我的父亲朱尔斯·伯格曼那里，学到了如何将这些复杂的概念提炼、分解成一些容易理解的片段，然后结合这些片段可以更好地来解释整体。父亲在他早期的电视科普报道中，曾向那些没有科技基础的观众普及过太阳能、石棉、清场伐木等方面的知识。

我母亲乔安妮·伯格曼对我的影响极大，从为我提供早期的建筑玩具到20世纪60年代的西方文明，再到鼓励我认识早期环境主义。我还记得志愿去当地泥泞的森林中参加远足活动，调查早期麦氏豪宅分支间存留的湿地。一直到最近我才意识到，我成为现在这样的人并不是偶然。

众所周知，最后要提到的，绝不是不重要的人，她是我的妻子兼总经济师洛莉·格林伯格。几年前，一个杂志社的编辑问我，洛莉在我的设计公司中的地位，我玩笑似的回答说，是所有其他事情的领导。对于这本书，洛莉是艺术指导和最基础的支持者，但这也不能比拟在我写这本书时她所给予我的一切。

大卫·伯格曼

简　介

先让我们拨开迷雾，这不是一本悲观失望的书。我们不会花很多时间来讨论各种环境危机，已经有很多其他的人在做这个了，而且不管你相不相信气候变坏是下一个将要到来的末日，我们都不需要为此而犹豫，尽管这不是唯一一个我们需要面对的问题。生态设计研究的逻辑，远远超出了只关心缓解气候变化这一单一目标，它将为我们的未来奠定基础——我们的物种可以存活，并且激发更加远大、积极的目标：提高我们的生活质量。

环境主义者经常太过强调我们的行为已经多糟糕，必须改变我们行事的方法，这种改变是一条必要的途径；我们一直以来不够负责任，为了有责任一些，应当放弃当前的舒适等，但这种方法是行不通的。绝大多数人都习惯于现在的环境，想把时钟拨回到过去，回到工业革命以前是不可能的。悲观主义者经常自称现实主义者，他们会说他们别无选择，消费和污染的双重问题无法通过别的途径解决。但是牺牲并不是一条受欢迎的路，至少大多数的人不会自愿去走。而且，告别科技和现代化的舒适并不会解决我们的问题。以汽车为例，一些自认环境主义者的人想出的“返祖”的方法，会让我们把车换成马，但是我很怀疑，相比交通堵塞和温室效应，我们难道会更喜欢撒满了马粪的街道？对于其他的科技领域也是一样的：从电或者燃气锅炉回到烧木柴的壁炉，从更大层面上来说更不环保。

我们不需要回到过去。有足够多的可以实现或即将实现的设计途径，使我们可爱的星球在能力范围内，让生活保持舒适（或许会更加舒适）。这不等于我们无需改变或者反思我们的生活方式。我们当然需要反思，就像许多人证明的那样，这将使我们的生活品质得到提升。

我们面临的许多选择都以貌似非此即彼的方式呈现，以至于另一种解决的可能性被忽视。对于一个依赖汽车的社会，解决方式不光是马匹。如果我们的建筑一开始就被设计成不需要那么多的热量加热，那么在一个不好的和更差的采暖系统之间的选择就会变得没那么重要。

科技可以提供现实的和不现实的两种解决方案。巴克敏斯特·福勒在曼哈顿中城区上方设计的用来控制气候的穹顶是他提出的最不现实的解决方案之一

另一种解决的方式是：既然科技把我们带入了目前这种境地，那么它也将把我们带离这种境地。就像流行的比喻一样：如果我们可以把一个人送到月球，那么我们也能将他送回来。在接下来的章节中，你将看到许多技术性的解决方案，但是你也会看到另一种解决方式，涉及社会和个体的选择，重新评价我们有多想过我们现在这样的生活，我们重视什么，我们将如何获得满足和幸福。

记住这个问题：我们如何获得幸福。当前紧迫的需求是通过一种在自然环境中可以更加可持续的方法来设计建造，我们的目标不仅仅是停止啃咬正在喂养我们的自然之手，更要在提高我们生活质量的同时使自然之手能够被治愈。这离悲观主义的观点和除自我牺牲外别无他途的观点相去甚远。实际上，不管从地球的角度还是从人类的角度，我们可以使这个世界在生态上和人类行为上都成为一个更好的所在。这两个角度实际上密不可分，它们的利益是一致的。无论科技如何，我们都需要在地球提供的生态环境中生存。我们可能会发明我们自己的方法来应对海平面上升或者获得淡水，但是这些与自然对抗的方法都要比与其合作更加困难、昂贵，并引起人类更大的苦难。

我们职业的目标是设计建造不仅可以保护环境而且可以使人们的生活方式得以保全和提高的房屋，即共生的解决方法。我不是说这些方法就不要求人们对生活做出改变：我们，尤其是西方社会，正在以一种贪得无厌的速度消耗着能源，这是一个无法回避的事实。但是改变不意味着牺牲，我们可以而且应该消耗得更少，而且我们可以在不损失生活质量的情况下做到这些。

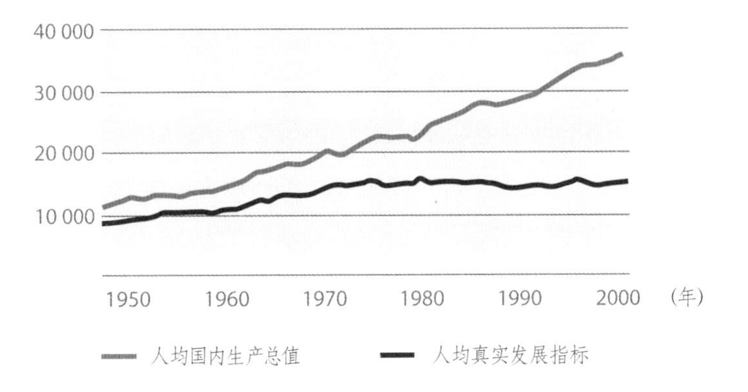

图为 1950 年到 2004 年间，调整通货膨胀之后，真实的人均国内生产总值和人均真实发展指标（引自：进步论坛 ）

我们将在下面的章节中讨论很多双赢的措施，对于这种思考我建议使用的词叫“生态乐观主义”，即我们有能力来摆脱目前的困境并且做到更好。这种是和一个人在看过《难以忽视的真相》之后所产生的完全不同的感受（我曾经看过一个生态纪录片，它是如此让人沮丧压抑，以至于所有人看完之后直奔酒吧）。改变的方法就在那里，我们只需要实施。

下文所列举的概念和方法可以归为如下两类：

第一类涉及要增加的措施，我叫它微调手段，例如增加保温层、使用低流量马桶或者改用荧光灯。这些重要的解决方案通常是廉价且有价值的（基本唾手可得），并且是通过应用环境保护主义的三个基本原则（3R）发现的：减少使用（Reduce）、再次使用（Reuse）及回收利用（Recycle）。

第二类是一些人所说的第四个“R”：重新思考（Rethink）。与错误二分法的讨论相关，重新思考通常需要后退一步来问问我们自己（不同于倒退），我们要努力达到什么效果。例如，与其询问如何制造更清洁、更节能的割草机，不如问问是否有比种植依赖灌溉和施肥的草地更好的方法来设计我们的建筑和基础设施周围的景观。与其采用节能但昂贵或复杂的供暖和制冷系统，我们还不如设计对这些系统依赖较少或根本不依赖的建筑。当我们改变我们提问的方式，另一种答案就会浮现出来。提出第四个“R”的人是改变游戏规则的人，这些概念可以减轻环境负担并提升我们的生活质量，同时附带建筑上的奖励。他们还带来了最有趣的设计可能，因为他们代表了富饶的新领域。

微调措施很重要，尤其是作为过渡措施，它们累计下来，可以叠加产生巨大的影响。然而从审美上，他们只是可持续设计的一角，必要但是不够充分。对那些充满了创造性且选择了设计作为职业的人来说，最好的解决方法是综合多种改进措施而展现出未来的设计。

生态设计比微调措施更有机会发展新的概念和类型，例如由 CPG 公司设计的新加坡南洋理工大学的艺术、设计和媒体学院

在有限的篇幅里清楚地定义和解释可持续建筑不是一件容易的事。相比列举可持续设计、结构、材料的每一种类型，我试图通过介绍各个具体的材料和方法，来探讨生态设计的几个核心理念。这个建筑学摘要作为可持续建筑和设计的启蒙，定义应尽可能的宽泛。一些题目尽管非常有趣，比如替代性的建筑系统，如草砖或者生土，并没有被包含进来，但是它们所代表的概念——蓄热材料、天然材料已经包含其中。

还有一些关于最佳解决措施的讨论。在这些例子中，可能没有唯一的答案，但是我列出了各种观点和它们的优势、劣势。这些观点也一直在进化。随着我们在可持续设计领域经验的增长，知识也被颠覆着。今天的高科技解决方案还包含一些有待解决的问题，如“室内环境质量”一章中关于集约型建筑的讨论就是一个经典的例子。

更进一步地说，本书希望成为一个导则、一个基础，可以组织并解释可持续设计中的一些概念和目标，并且创造一个契机，来审视这些概念将来如何继续发展并在物理上得以实现。在接下来生态设计的成熟过程中，在它们大规模涌现的过程中，这只是一个开始，不是结束。

第一章　生态设计：是什么和为什么

作为设计师，我们有一套独立的责任制度。从职业及合同规定的角度来说，我们首先要对客户负责，包括必须保护公众安全的责任。在美学和经济上，我们也有对自己的特定的要求。然而，在这些之上，我们除了执行所强调的对大众安全的保障之外，还有一种更大的责任：在道德上，考虑我们所设计的建筑将如何影响这个世界，这涉及职业责任和个人责任两方面。

一种解释是公众安全包括环境问题在内，因为没有地球生态系统的支持，人类的生存必将受到威胁。我们不能没有空气、水和我们星球精确调整的大气层的保护。我们的生活方式，尤其是我们的生命，依赖于这些“免费的”、经常被我们认为是理所当然的生态服务：产生氧气、过滤水及氮的固定等。这样看来，说保护并维持这些至关重要的资源是一个设计师首要的责任也不为过。

绿色设计是一个有价值并且必要的目标，这已是众所周知的事实。但是，在了解它“是什么”之前，花点时间来强调它的重要性还是值得的。建筑并不是造成生态问题的唯一原因，这个问题还可以归咎于人口增长、交通系统、农业产业化、肉食性的餐饮和我们时不时想要拥有更多东西的非理性欲望。在这场愈演愈烈的风暴中，建筑到底有多重要？

2003年，早在绿色设计这个概念存在以前就已经是一个绿色建筑师的爱德华·马兹瑞亚，仔细观察了美国能源消耗的统计数据，得出了一个结论：建筑物的作用远远大于预期，其占美国能源消耗的48%、碳排放的46%[1]。这些数据传达了一个重要的观点：气候变化和其他环境问题不是别人的原因，是我们自己的问题。这些问题不应转嫁给政府和商界，尽管它们也负有很大一部分责任。建筑物是我们创造的，我们不仅需要把它们建造得耐用、合理、美观，而且要保证它们是良好的地球市民。

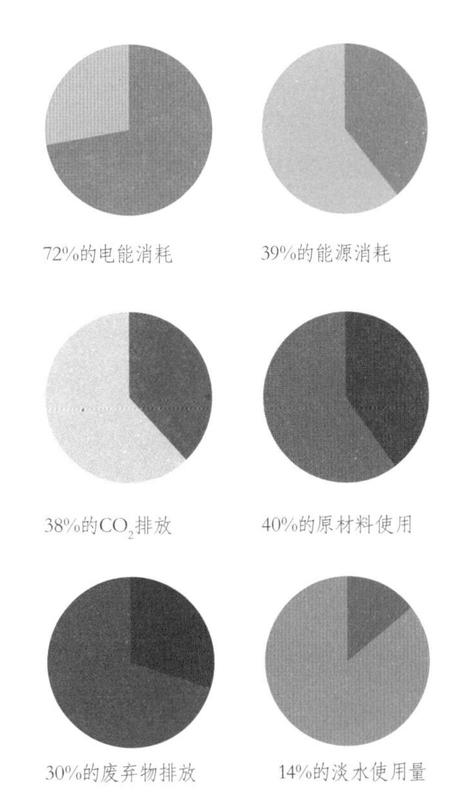

建筑本身所消耗的各种能源的比例（数据来自美国绿色建筑协会）

马兹瑞亚的数字让建筑界和设计界大为震撼，重新引发了人们对建筑在我们对能源的使用和依赖中所扮演角色的思考。不久以后，一部叫作《难以忽视的真相》的纪录片进一步引发了人们对这个问题的关注。然而，在这个过程中，其他同样重要的环境问题，如水的污染和使用、资源消耗、有毒物质的影响，以及社会和伦理的困境等，有时就被忽略了。能源的节约和替代能源的发展非常重要，但我们需要一个更加全面的设计和建造方法。更加宏观的目标是保护我们所处社会的健康，它现在和未来的生态系统的健康。

当我们调整到这个更加宽广的视野，我们可以重新审视一些附加的问题，探求在这其中建筑应当承担什么样的角色。我们倾向于将建筑看作是谨慎插入这个星球的独立物体，一个更整体的观念是将它们视为既独立又和周围生态环境紧密相关的系统。

重新定义建筑的角色和我们与它们的关系可以把我们带入美学上的一个新的方向（生态建筑是什么样子的？），并且改变我们设计的目标。

绿色设计的开端

我们在谈论绿色建筑、可持续建筑或是生态设计的时候，我们到底在说什么？一般来说，我们可以把这些概念互相替换使用。虽然它们之间可能有细微的差别，但我发现从我们到底要实现什么目标的角度来讲更容易解释它们。

生态设计从20世纪60年代开始已经有了相当大的发展，这体现在短语"减少使用、再次使用、回收利用"中。这个现在被简称为"3R"的理念在早期宣传中起到了重要的作用，但是过于简单的解释使人们认为，只要你回收利用了你的瓶子和报纸，或者换一两个灯泡，就已经完成了所需要做的事情。

同样，设计师也会认为只要在设计中植入了"3R"这个在生态设计上被认为是入门等级的概念，就完了自己的任务。这就是之前所讲的微调措施，累积起来可以起到积极的效果，但是因为这些措施的目标过于狭隘，或是总是孤立的、而不是整体的看待问题，所以难以走得更远。

从摇篮到坟墓

为了超越这个重要但是狭隘的起点，生态设计的概念必须得到拓展。要做到这一点，第一步就是要研究所谓的“建筑和材料的生命周期”，尽管这并不总是准确的。生命周期分析（LCA），也被称为生命周期评价，已经经常被用于产品，同样也适用于建筑物[2]。产品（或建筑）的生命，从摇篮到坟墓都被检视，从原材料的来源到制造过程中对这些材料的处理，再到使用过程中的能量、资源消耗，直到它生命终结时的影响。

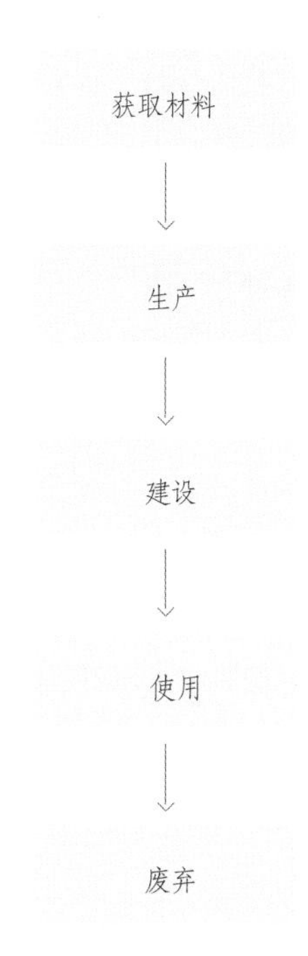

建筑由摇篮到坟墓的生命循环过程

在生命周期的每一个阶段，都有材料和能源的投入以及相应的对环境的影响。生命周期分析试图量化所有这些投入，得出一个表示这些影响的数值。通过生命周期分析，设计师可以衡量哪里需要改进或者提高。例如，提高能源效率、更换有毒材料或者转换为可回收材料。

这个从摇篮到坟墓的方法，虽然比“3R”原则包含了更多的要素，但仍有其局限性。“坟墓”一词的使用意味着建筑和产品具有线性寿命。从这个意义上说，“生命周期分析”的说法就有些不准确。它的另一个不足之处在于，用生态设计的倡导者比尔·麦克多诺(BillMc Donough)和迈克尔·布劳恩加特(Michael Braungart)的话来说，就是“从摇篮到坟墓”的方法仅仅能够达到“不那么坏”的效果。它使我们能够看到并减少我们所建造的建筑物的整体影响，但它不能使我们达到可持续的目标。

从摇篮到摇篮

将循环重新连接到生命周期分析中是我们必须实现的下一个概念性的跨越。这代表了“从摇篮到坟墓”跨越到“从摇篮到摇篮”的思考。尽管这个观点因为比尔·麦克多诺和迈克尔·布劳恩加特所著的《从摇篮到摇篮：重塑我们造物的方法》一书而被熟知，但是这个观点有其更早的起源，也许是从巴克敏斯特·福勒的《地球号太空船操作手册》中开始的。在书中，福勒把地球比喻成一个初始装载了有限能量，并且不能得到再次补给的宇宙飞船[3]。这个比喻随着1968年阿波罗8号拍摄的地球在太空中孤立无援的标志性照片而深入人心。将这张照片牢记心中，然后思考我们如何制造东西、材料从哪里来，很快我们就会发自内心地理解福勒的先见之明。我们的材料（铁、煤、油、农业养料等），如同空气和水一样，是我们生命所需要的，无法从地球这个漂浮在宇宙之中的封闭系统之外获得补充。我们现在和将来拥有的一切，都已经以各种形式存在于这个星球之上（鉴于星际航行所需要的巨额花费以及能源消耗，我们不太可能从别的星球带回足够有用的物资）。所以，为了真正的可持续，我们使用能源的速度必须慢于地球更新补充能源

巴克敏斯特·福勒的《地球号太空船操作手册》

的速度。

然而，还有一个重要的例外。因为太阳能是可以不断补充的，每天都照射在地球上，所以我们可以利用它而不必担心它会枯竭。这包括直接利用太阳能，以及相关的可再生能源，如风能和生物能，这些依赖太阳能而存在的能源，从广义上说，还包括潮汐能和地热能[4]。

早在人类出现之前，地球上就存在着有限系统的根本性限制，所以地球发展出了一套聪明的系统，任何东西都不会被抛弃浪费。如果不是这样，一些资源早已随着时间被耗尽了。大自然早已是效率和共生关系方面的专家，它早已解释了一个我们最近才了解到的概念：废物=食物。这当然不是字面意义上的我们丢掉的食物，而是指所有类别的废弃物——有机物、无机物、工业的，那些我们认为是垃圾的残留物，必须变成另一种用途的投入物资。从这个角度讲，填埋的垃圾，是被浪费的资源，是一种物质上不高效的标志，代表了不遵守福勒《地球号太空船操作手册》的失败。

比尔·麦克多诺和迈克尔·布劳恩加特把我们认为是垃圾的东西分成两个基本类别：生物型养分和技术型养分。生物型养分，指这些物质被我们使用之后，可以安全地转化为土壤，变成新循环的一部分。技术型养分，是指不容易分解，而需要留在循环之内的物质——需要被回收，石油基的塑料制品就是一个很好的例子。

还有一些物质不能被回收，把它们放回生态系统当中也不安全，例如核能废料和有毒化学物质。因为处理它们很昂贵，并且它们在从摇篮到摇篮的系统中没有位置，所以应当完全避免使用这些物质。复合材料在使用后不能分离，也就不能变成生物型或技术型养分，这也是一个问题。比尔·麦克多诺和迈克尔·布劳恩加特把它们叫作丑陋的合成物。

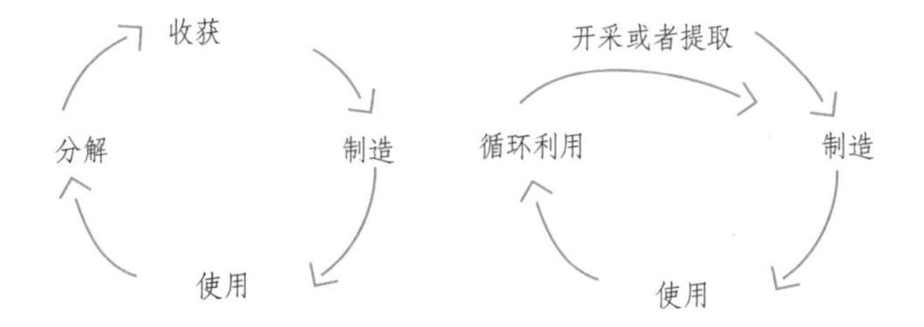

所有的材料都应当存在于生物型（左）或者是技术型（右）养分循环中

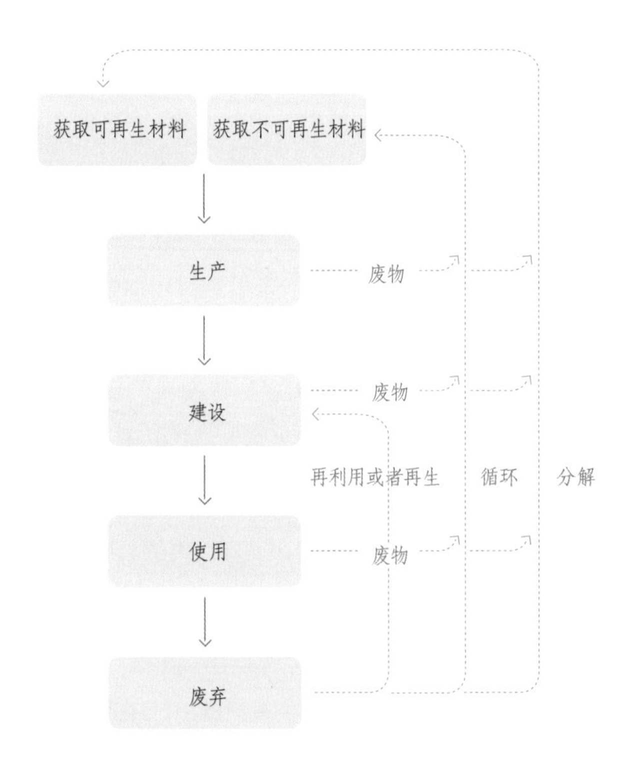

在产品或建筑从摇篮到摇篮的生命周期中，所有的废弃材料，包括在生命终止时产生的材料，都会回到生物型或者技术型的养分循环中，或者进入下一个生命周期中

三重基线标准

到目前为止，我们一直在关注绿色设计对环境方面的影响。然而，真正的可持续发展需要我们拓宽定义，将我们生活方式的各个方面纳入其中。包括人们如何制造物品，它们的社会影响会是怎样，世界各区域间的经济和社会不平等要怎样解决，我们的建筑物如何影响其中居住使用的人和当地的社区等。这可以被认为是第四个层次的生态设计，在“3R”理论、从摇篮到坟墓、从摇篮到摇篮三个层次之上发展出来的。

在传统的商业实践中，评价成功的标准只有一个：这个公司是否赚钱。在绿色商业中，另一个衡量标准已经发展起来。三重基线标准在经济状况这个评价标准外又增加了两个：如何对待地球和如何对待人类[5]。这三条标准经常被称为“人、地球、利益”或者是“生态、经济、公平”。

将生态和公平变成数字是一个非常复杂和充满争议的过程，但是好的商业（也包括好的设计）毫无疑问要符合这些可持续的因素[6]。在实践中，这个概念可以有多种解释，从不要购买被“不公平交易”的工人制造的产品，到实行一定的社会程序或设计方法，如乡村工作室，“做正确的事”基金会、推行“为了另外90%的人类而设计”的“为人类而建”工作室[7]等。

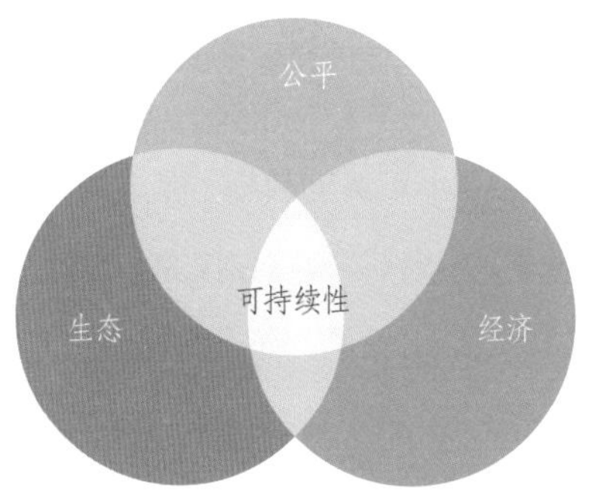

生态、经济和公平的交集是可持续性

这也带我们回到那个基本的问题，什么是可持续的设计，它的目标是什么。经典的可持续设计的概念其实源于联合国对可持续发展的《公约》[8]。在他们提出的概念中，“设计”代替了“发展”，我们得到“设计应满足人类的需要，同时要保持地球生命的健康”[9]的概念。换句话说，这是一种平衡的行为。我们如何做到满足我们当前自身所需又不损害后代人生存所需要的生态系统呢？

那么，可持续发展的目标意味着什么？是描述一个生态设计的目标的词语吗？我们的目标是什么[10]？最基本的目标就是要生存。你最基本的生存需求——食物、水、空气、睡眠需要被很好地满足。当这些都被满足了，目标就变成了提供继续生存的手段。传统的对于生态设计的观念涉及这样一个阶段：在这里，我们生存所需要的物质不再短缺，或者长期不用担忧。循环是封闭的，我们不再从环境中索取入不敷出的物质和能源。

但是我们还要反思，可持续性是否就是我们真正的最终目标。如果我们把可持续性定义为可以一直生存下去的方法，这是否就够了呢？许多人会认为，无论是作为个体和还是作为一个物种，我们存在的理由，都不仅局限于此，还体现在人际关系、社会、智力或精神上的满足感上。这种满足感可被称之为繁荣，并引发了随之而来的问题：设计如何使我们不仅能够可持续，还能达到繁荣？

如果可持续性不是一个足够的目标，那么我们应当叫它什么？用什么词来描述这种超越了“不太坏”和“仅仅是”的可持续性尝试而达到的这种“设计不仅要最小化负面影响，而且要鼓励正面影响”的境界？到目

印度纳杜库万姆万加拉(Nadukupam Vangala)妇女中心(2008 年)由建筑机构人道建筑组织（Architecture for Humanity）通过组织纳杜库万姆当地社区设计工作组来完成

前为止对此还没有达成共识。有一种描述是“积极性设计”，定义为创建一个物体或系统，该物体或系统有利于实现人类真正需求，同时可以保护或完善自然界。

这个定义与我们开始讲的那个并没有天壤之别，但是它修改了两点：它提出人类“真正的”需求，区别于欲望（繁荣可能是一种需求，而一个更大的电视机则是一种欲望）；在与建筑的关系上，它提出了社会和公正的问题（例如那些低收入群体的需求），或者，在另一种层面上，分析了我们所创造的空间的本质，关注它为我们的生活增加了什么，或者从我们的生活中剥夺了什么。

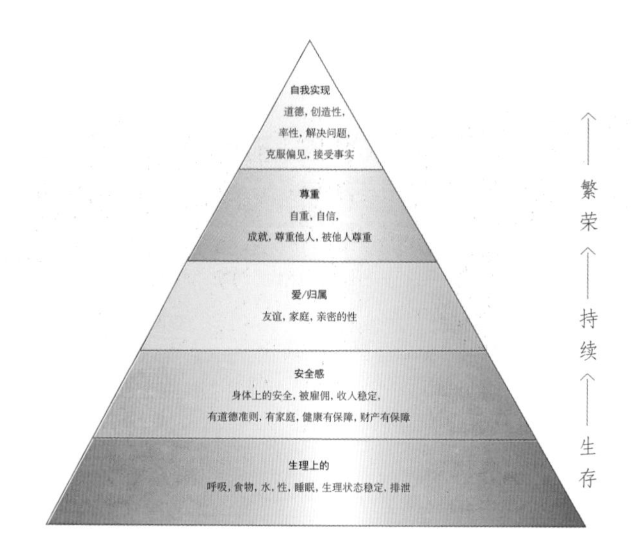

马斯洛的人类需求层次：包括从生理需求到自我实现需求的层次发展（注：右侧生存、持续、繁荣的标注是作者所加）

再生设计

我们对可持续设计定义的第二个修改，相比仅仅是“维持”，还增加了“修复大自然”。之前的定义声明了地球的健康不应该被牺牲，但是没有说要修复已经发生的损伤。

这将指引我们达到生态设计的终极目标：兼顾我们当前和未来的所有需求，以及我们星球的需求(它们是不可分割的)，修复那些被人类活动破坏的生态系统。如果我们一直向生态系统索取，继续把我们和地球视为相互独立的部分，那么这个终极目标将不容易达成，因此，很难找到再生设计（有时叫作康复设计）的例子。将纽约市过去的垃圾填埋场改造成公园，恢复其生态

系统的项目，以及将废弃的地铁车厢投放到海中帮助珊瑚礁修复的做法，可以视为类似的尝试。

由詹姆斯·科诺·费德公司设计的纽约市垃圾填埋场更新规划，就是再生设计的一个例子

另一个再生设计的例子，是文森特·卡勒伯特的防烟雾工程（2007 年），工程包括很多绿色的元素，例如二氧化钛涂层，可以与巴黎空气烟尘中分子反应，分解这些分子，稀释污染

经济问题

我们倾向于从避免消极影响的角度来看待绿色设计。另一方面，我们还应该关注一下积极的影响。环境上的收益是显而易见的，但是在建造费和运营费用等经济性方面可能不太容易看到益处。通常大家的观点是绿色设计和建设成本更高，而且不可避免地会如此。但是越来越多的研究证明，如果一些基本的绿色概念能够执行，绿色建筑的造价也可以和传统的建筑一样，甚至更少。

在传统的建筑设计过程中，通常首先进行建筑设计工作，然后是工程和施工。然而这种方法常常因为缺少其他方面的前期信息输入、整合而错失一些机会。整合设计是另一种过程，从设计开始阶段就囊括了所有重要的因素。该过程中通常会举办一次专家研讨会，整个项目团队（包括顾问、业主、承包商）会聚在一起讨论一些基本的想法。这样做有两个作用，一是团队所

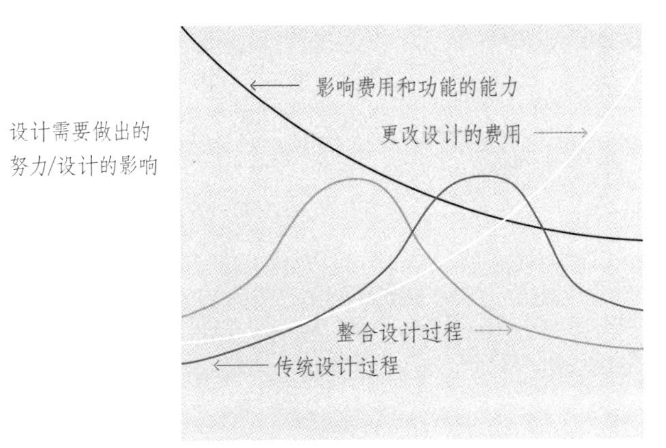

传统的:	设计前期	概念设计	设计发展	施工图	报批／投标	建设
整合的:	概念发展	标准设计	细部设计	施工图	联合招商／最终并购	建设

传统设计过程和整合设计过程在设计时需要做出的努力、影响和费用在时间上的比较（引自：美国建筑业用户圆桌会议）

有的人都知道各自在做什么，二是很可能通过头脑风暴产生一些新的想法和措施。

例如，一个建筑师决定使用三层窗，它可以提供更多的隔热，但是造价会比标准窗有所增加，提高相应的建造成本。然而，这种特定的窗将会减少加热和制冷能耗。如果机械工程师参与到这个决定中，他就可以把加热、通风和空调系统的尺寸规格降低，补偿窗户相对较高的造价。

这种新的高效的窗户，可能会在未来以降低水电费的形式节省开支。然而，在很多预算决策中，设计者只考虑初期造价，尽管当下能够省几块钱，但可能会在将来产生更大的花费。从长远考虑是一个很难的决定，特别是当建筑建成后要转交给别人而不是由开发商来付这笔发生在未来的费用时。但是尽管如此，研究还是表明，一个建筑如果有着较低的运行费用，则可以要到更高一些的售价或者租金，是可以平衡前期投入的。

分析长期费用需要检视投资回报率（ROI），有时也称回报期。举一个非常简单的例子，如果装一块价值2万美元的太阳能光伏电板，每年可以减少2000美元的电费，那么回报期就是10年。真正的投资回报率计算，还会考虑通胀和利率，并预测能源成本的波动。在投资回报的报告中，经常会产生让我们很吃惊的结果，并告诉我们哪里可以找到“唾手可得的水果”。例如，一个在加利福尼亚州北部的酿酒厂，正在进行一场全业务范围的绿色转型，检视其运营过程中的所有因素，从灯光到灌溉到害虫控制。该公司发现，许多绿色项目都带来了非常快速的回报。他们把照明设备更换升级到更高效的光源，节省了50%的电费开支，回报期少于1年；安装一个冷却屋顶，以降低对空调的需求，在3年内就节约出了其安装费用；结合植物的特性和抗旱品种对景观进行更有效的灌溉，仅2年就得到了回报。

投资回报率（ROI）表

项目	以年计的回报时间（年）	增加的费用	每年节省	十年节省	投资回报率
可编程的温度调节器	0.6	$115	$180	$1 800	156.5%
窗	2.3	$70	$30	$300	42.9%
中水系统（小规模）	5	$300	$60	$600	20%
地热系统	10	$30 000	$3 000	$30 000	10%

注：在这些例子中，回报周期的范围从不到 1 年到 10 年不等（引自：greenandsave.com）。

更深远的利益

还有其他的措施，可以通过节约某些开支使绿色设计的成本更加合理。对于大多数企业来说，劳动力成本远远超过了设施的建造和运营成本，而能够降低劳动力成本的设计决策可以产生相当显著的影响[11]。很多研究表明，在一些情况下，增加采光，改善人工照明，或改善通风和空气质量，可以提高生产率，减少员工病假，降低员工流失率。如果建筑是一个住宅，让它更加健康可以产生更多的有形的和无形的好处，如减少了医疗费用，让孩子更恋家，让父母下班早点回家等。我们将在“室内环境质量”一章中对此进行更深入的阐述。

更值得一提的是，绿色建筑可以为相关从业者带来一系列的好处。业界趋向于将此类设计视为一种附加的服务，需要额外的知识，额外协调工作和时间。如果你已经从事传统的建筑设计工作足够长的时间，试试换一个方法工作，它可以带来预期之外的收获：新的客户、新的设计影响、更高的客户满意度。

综上所述，生态设计对客户来说会更贵、对设计师来说是负担的传统观念越来越不准确。如果生态设计整合得好，我们可以达到一种双赢的局面，对每一方都会更好。你不一定非要去做一个极端派护林人或者完全利他主义者才能参与到绿色设计当中，绿色设计，正如它所建议的，应当仅仅是个好的设计[12]。

另一个我们需要澄清的误解是，生态设计是一个已经过时的趋势。没错，这个概念在20世纪70年代兴起过一次。然而，在能源危机过去之后，在天然气管道消失之后，油价回到了正常水平，人们对于节能的需求和兴趣也随之减弱。现在，我们处在所谓的第二代环保主义潮流中，我认为，这一次它不是一时的时尚。仅有非常少数的人认为能源的价格可以一直保持这么低，并且长期不上升[13]。而且从监管的角度看，越来越多的城市要求节能节水的设计。有时仅仅是要求政府所拥有的建筑，但是越来越多的规范开始升级到要求所有的建筑结合环境方面的高效性。生态设计正变得不可忽视：这不仅在经济上是明智的，而且可能也是必要的。

第二章　场地问题

在我的书桌上贴着一张字条，是珍妮·霍尔泽的话："很多事情在你出生前就已经决定了。"你有很多种方式来理解这句话，但是这里让人想到的是，这句话也可以用在建筑场地设计的问题上。很多建筑场地设计初期的决定（包括建筑的选址），在一个建筑师参与之前就已经做出了。虽然情况不是每次都如此，但是，建筑师越早参与，就越有可能影响一些很关键的问题和决定。

场地问题经常会和其他设计问题有所重叠。实际上，许多生态设计主题是相互交织的，这使得有时候难以将它们分配到特定的类别和章节中。例如，就建筑朝向来说，它对被动能源设计有很大的影响，将在"能源效率：被动式技术"一章中重新提到；光污染，从另一个角度，可以放在"能源效率：主动式技术"一章中能源和光的部分，但在本章最后作为一个关于场地的问题被提了出来。自然光采光是一个基地朝向的问题，还是一个主动或被动的能源问题？这当然肯定和位置、太阳角度都相关，但是与人工照明一起讨论更符合我们的目的。

理想状态下，从一开始选择场地，就应当考虑很多关键的问题。建筑或开发项目如何融入水文系统？它会对当地的生态多样性产生影响吗？当地是否有生产新能源的可能？附近是否有相关的业态、设施、公共交通？如果是一个制造业项目，是否可能与相补充配套的生产一起开发，例如一个产业的废料是否可以被另一个产业所利用？

无序的扩张与开发

就像很多美国人一样，我在郊区长大[1]。那个时候的生活看起来很像田园牧歌：我们在一个死胡同踢球，房子周围有很多草坪，邻居们住得邻近但是又不会太近，没有城市衰退（当时是20世纪六七十年代），商场在30分钟内就可到达。另一方面，学校并不在步行范围内，来回开车需要1.5个小时，大多数的父母们开车到城市里上班，我当时非常憎恨去修理那些看起来无边无际的草坪。

第二次世界大战后郊区模式大规模的扩张，也许是20世纪50年代一件积极并且必要的事情。当时，人们需要大量的廉价住宅，而汽车和高速路的出现使得向远郊扩张变得可能并且易于接受。很快，离开日益恶化的城市核心地带，实现郊区自有住房的美国梦，成为了一种全国性的风潮。然而，这股风潮并不是单独出现的。它是由州际高速公路系统的建设推动的，该系统使驾车上下班成为可能，然后通过规划法规促进了土地用途的分离和住房用地面积的最小化[2]。尽管意愿很好，但是这类法案增加了社会对燃料的依赖。

郊区的扩张现在已经被集群发展、智能增长、智慧城市和新城市主义所取代。特别是集群发展，虽然已经作为一种概念存在了几十年，但是很多分区政策还是基于传统的规划。在一个集群发展的项目中，住宅之间不是离得越远越好，反而是更加紧凑，以便为日后发展保留土地。这样做还有附加的好处：可以减少开发的费用，因为住宅彼此接近，道路和设备管线变得更短了。

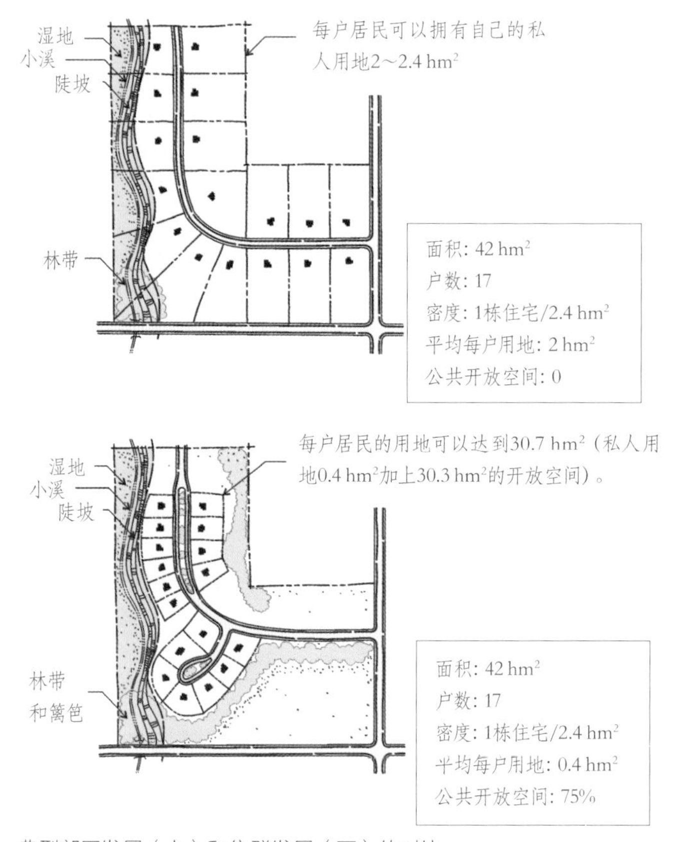

典型郊区发展（上）和集群发展（下）的对比

典型郊区发展的鸟瞰图（左）和集群发展的鸟瞰图（右）

集群发展并没有在根本上改变郊区发展的模式，只是使它稍微环保了一些。它没有强调交通和生态足迹的根本问题[3]。如果能源价格还继续随着时间上涨，在过去50年发展得如此迅猛的莱维顿模式将变得愈加不可行和不受欢迎。当汽油变得昂贵，开车取牛奶或者每天开车通勤将不再划算。

在步行社区中，住宅、办公室、零售商店、公共空间都在步行范围内，它的好处远远超越了节省汽油和钱。它还减少了空气污染，通过步行运动替代开车还有利于健康。很多关于这点的论证被国会用在新城运动的法规中[4]。最著名的新城运动的例子可能是佛罗里达州的海边。不幸的是，这并不是一个完美的例子，因为这是一个高端的度假型社区，而不是经济型的社区。但它还是展现了新城运动的很多目标：住宅、镇中心、学校、商店和公园都在步行范围内，生活型街道更多地是为了社区生活而设计，而不是为了车流。

也许，“新城市运动”中的“新”也是它固有的问题。很多批评家发现，一个城市或者城镇中心的活力和多样性很难被迅速地建立起来，也很难在规划中被充分地预测。城市和城镇的进化过程中，会发生失败的转化和难以预料的节点。也许时间可以使新城市主义的发展变得更加有机、繁荣一些，但人们经常抱怨，它们往往看起来像《楚门的世界》中的场景（《楚门的世界》倒确实是在海边拍摄的）。

从另一方面，这些城镇的强制性郊区主义也可能促进另一种选择：到处都是美国式的杂乱无章的购物中心、大型连锁店。尽管在智能增长原理的基础上组织城镇，为将来的发展和进化提供了基础，但是一个典型的郊区，在经济上和物理上被分割开，很难有方法将其变得社会化及更加生态化。目前的经济学观点，实际上指出了相反的情况：由于交通

俄勒冈州新城市主义的城镇中心 Orenco 车站

成本上升、过大且不方便的住宅，郊区模式正变得不那么受欢迎。

那么，郊区的未来在什么地方？当我们看到一个新的规划愿景时，我们需要考虑许多现存的和过时的结构：倒闭的商场、在当前的经济危机中倒闭的连锁店、不再能支持自身存活的工厂和办公园区。郊区不是没有希望，但在这些建筑和设施中已经投入了巨大的资源，所以如果简单的抛弃或者摧毁它们将是极大的浪费。正在兴起的一种运动是审视这些设施重新利用的可能性[5]。

同样的逻辑也适用于改造和新建筑。从生态学的角度来说，最环保的做法是使用一些已经存在的东西和已经存在的结构；第二种环保的做法是在已经开发使用的土地上开发而不是去开垦没有被碰触过的土地。重新利用，对现状结构的升级，对我们整个建筑板块的能源效率来说非常关键。新建筑的数量和现有建筑的数量相比显得微不足道，而且很多现有建筑是非常老旧、不高效的结构[6]。然而到2035年时，75%的美国建筑将重建或翻修，如果这些翻修的建筑可以比它们现在更加节能，那么在总能源消耗的节省上将有非常可观的效益。

这意味着我们需要一种多管齐下的开发方式：重点关注邻近公共交通的建筑；在郊区重点关注那些邻近已有配套设施的区域；探讨如何重新利用已经投入在这些地区的建筑中的资源；探索如何改进现存郊区，使它们不再需要那么多能源（同时也不抛弃那些已经在那里投资进去的金钱和物质材料）；全面推进新建和再利用建筑能效提升。

英属哥伦比亚中心城区（2004 年）前后对比，之前是萨里普莱斯购物中心，宾汤姆建筑事务所设计

尺度的重要性

虽然莱维顿模式在某些方面已经变成美国景观的标准，但这种模式也已经发生变化。第二次世界大战后，各类用地都变得更小，住宅用地也比原来的（现在被称为McMansions）更加紧凑。尽管美国家庭比起半个世纪前小了很多，但住宅面积却增加了大概250%。从表面上看，这是件好事，是一个增长和成功的标志，但是每一寸建筑都需要物质材料建造，都需要加热、冷却、照明，都要装修，配备家具和家居。如果这样可以使人们更加幸福，也许也是一笔划算的交易，但是它不是。现代生活经常变成一种无法满足的“追赶邻居”的游戏，我们不断地感觉我们需要更多，尤其当我们看到我们的邻居和朋友拥有更多的时候，这是一个恶性循环。

在《不那么大的家：我们真正生活的蓝图》一书中，莎拉·苏珊卡提出了一个充满说服力的方案：更小但是更好的家。她主张，不要花那么多钱在宽阔的空间、双层通高的入口门厅及正式的起居空间上，而是把钱投入细节（如储存空间），使用更好的材料，更多的隔热保温，将使客户和我们的地球都变得更好。

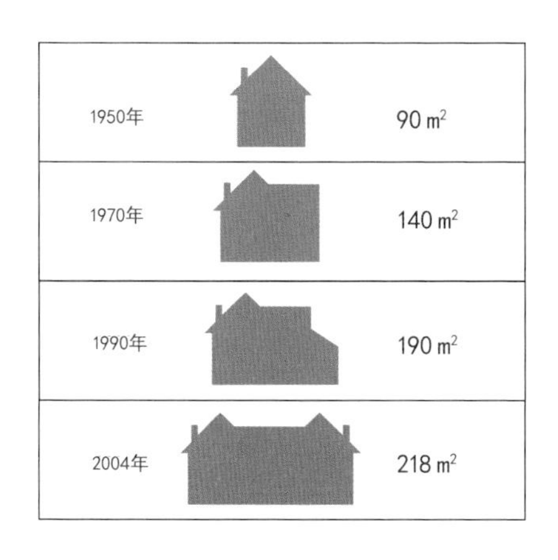

美国住宅的平均面积在过去的50多年中增加了一倍以上，而同时家庭的规模却变小了（引自：美国国家住宅建筑商协会）

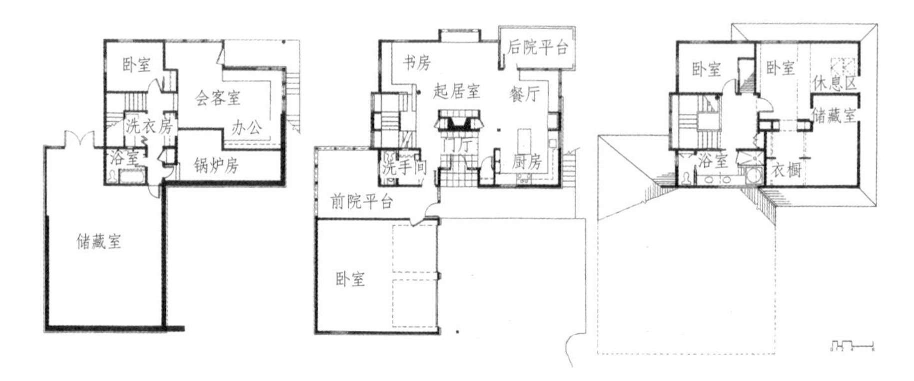

不那么大的家是莎拉·苏珊卡对独栋别墅和巨大豪宅的回应

雨水径流

不管在城市还是郊区，增加的建筑和铺地面积都正在引起雨水径流管理困难的问题。在城市，雨水通常通过储水坑或路边水渠进入收集系统。在人口密度低的地区，也许是由相似的排水沟渠，或者露天的洼地将雨水导入市政系统或者排蓄水池。在一些古老的城市，像纽约和芝加哥，情况会更加复杂，因为雨水管和排污管最终汇入了同一个管道。下雨时，这些污水系统经常超负荷，导致未经处理的污水直接被排进了雨水系统。

我们的目标是减少、控制或者储存雨水径流，有几种方法可以实现这一点。一种方法是使用可渗透的或者透水的铺地材料。水可以透过这些材料进入土壤，而不是在表面累积流动，并且在水透过铺地下面的岩石土壤进入水道前，可以起到过滤的作用。

另一种方法是通过创造可以吸水的表面来取代那些不吸水的表面，降低突发性暴雨的影响。正如你将在本书的几个章节中看到的，自然界存在着很多我们可以学习和模仿的模型[7]。例如，在屋顶增加植物进行屋顶绿化，可以使建筑变得像一块海绵一样吸水。虽然水分最终还是会被排出，但这个过程是逐渐发生的，大部分是通过植物的蒸腾作用排出，相当于出汗，这也可以为屋顶降温。

这些植物屋顶，俗称绿色屋顶，提供了一个有利的共生环境。它们可以处理雨水径流，缓解热岛效应，对建筑起到隔热保温的作用，延长屋顶寿命，为野外生命提供居所。而且，根据绿色屋顶形式的不同，还可以提供花园园艺和其他设施[8]。

绿色屋顶有两种类型：拓展型绿色屋顶一般种植浅根系的植物，多是景天属植物，种在一个较浅的培养介质中；密集型绿色屋顶可以种植一些深根系的植物，有的时候甚至是树木。这种密集型屋顶的缺点是更重、更贵，并且需要灌溉。而拓展型屋顶，如果种植当地的植物物种，通常在一两年之后就不再需要灌溉。在这两种情况下，植物和土壤覆盖了屋顶材料，保护其免受天气变化和紫外线的影响，所以屋顶的耐久性得到了延长。

绿色屋顶绝不是一个新的概念，它们在欧洲的很多地方备受欢迎。它们最初被用来隔热保温，历史可以追溯到7世纪的巴比伦空中花园。这一概念的一个新的解释是生态墙，也可以称为植被墙。它在概念上类似于绿色屋顶，只是是在垂直方向上的。植物通常附着在网线系统中或者立面的缝隙中。

植被屋顶（墙）的设计是从向一个完整的建筑附加一部分的概念演化而来。有的设计师，如帕特里克·布兰科，试图创造曲折的雕塑性的墙体；有的设计师使植物从表皮下面攀爬向上覆盖建筑，有的时候甚至延续进入室内。有时，他们将有机设计与现代设计融合，打破了传统的生态设计和当代设计之间的划分，也打破了建筑和景观之间的屏障[9]。

不透水的区域可以用透水材料和植被来替代。这条车道的主要面砖中有植被在生长

拓展型绿色屋顶（上）比密集型绿色屋顶（下）有着更浅的根系和更轻的重量

密集型绿色屋顶与拓展型绿色屋顶的比较

特性	密集型绿色屋顶	拓展型绿色屋顶
土壤	需要土壤深度至少0.3 m	需要土壤深度0.02～0.12 m
植物	适合树，灌木和容易维护的花园	适合很多种类的地表植物和草坪
荷载	对建筑结构的荷载每平方米增加400～750 kg	对建筑结构的荷载每平方米增加60~125 kg，根据土壤特性和培养基而定
可达性	推荐并会鼓励人们到达	通常不用做开放可达
维护	需要较多的维护	直到植物扎根前需要每年维护视察
排水	包含复杂的灌溉和排水系统	简单的灌溉和排水系统

注：密集型绿色屋顶通常比拓展型绿色屋顶需要更多的灌溉和维护（引自：《环境设计和建造》）。

植被表皮的概念正在扩展，像多元建筑公司在达拉斯的一个项目所展示的那样

一个更新颖的概念是垂直城市花园或者农场：一个多层的、玻璃覆盖的结构，里面种植着全年周期的农作物，为当地的居民提供食物，这样可以减少食物运输进入城市的碳排放足迹。这样的农场是否真的能够养活一个城市还只是猜测，但是不管怎样，城市、自然和农场的结合都是一个绝妙的提议。

植物学家帕特里克·布兰科，提出了“活墙”这个概念，创造了雕塑性的垂直灌木层次

城市农场或垂直农场，例如SOA事务所设计的“生长的塔楼”，试图解决城市食物运输的碳足迹问题

光污染

直到我20多岁的时候，坐在海边，远离我从小长大的纽约郊区，我才意识到，一个人真的可以看到银河。当然，只有远离城市光污染的时候才能看到。

限制光污染的项目经常被称为“深邃的天空”，从某些方面来说这很重要。从精神层面讲，缺少和星星之间的联系，代表着我们与自然在某种程度上的分离；从物质层面上看，所有射向天空的光都是一种能源的浪费，有效的设计方式应该使灯光直接照向有需要的地方；另外，灯光的溢出或者灯光的侵入，可能对人类和其他物种是有害的，它会影响动物的生活，打扰夜间活动的物种，影响鸟类的迁徙习惯。人类也有一个昼夜的循环规律，需要在夜间进入黑暗。然而因为人工照明的发明，我们已经改变了这个循环，很多研究都指出这会引起健康问题，而灯光的侵入进一步恶化了这个问题。

幸运的是，有一些补救的措施，其中一些已经被地方法规所采用。例如，室外商业照明，现在要根据向上照射多少光亮来评级；有的城市法规要求建筑必须在特定的时间之后关掉装饰性照明。被照亮的天际线很美，但是没有必要在凌晨两点的时候还完全亮着。通过限制这种滥用，我们还能够节约能源。

得克萨斯乡村的星空

第三章　水的使用效率

在之前的章节中，我们从控制地表径流的角度讨论了水，这是对多余的水的处理方法，这个问题的反面，是节水。地球是一个充满水的星球，约有70%的地球表面被水覆盖，但是几乎所有的水都是咸的、冻住的或被污染的，这使得很多专家预测，在继石油之后，我们的下一个地缘政治冲突将涉及水。地球上有很多地区（包括美国的很多地区）没有足够的饮用水，最近发生在美国东南和西南部的干旱恰恰证明了这一点。更向南一些，墨西哥城正在经历它50年以来最严重的旱灾，最近不得不在周末关上供水的阀门。水资源短缺会引起健康问题、庄稼歉收和饥荒等，甚至会因水的所有权问题在各地区和各国家之间引发纠纷和战争。在美国，州与州之间的水纠纷并不鲜见。

农业和发电厂冷却是美国水资源消耗的两个最大的原因，而建筑同时也消耗了14%的可饮用水[1]，大部分都被冲进了马桶或草坪。

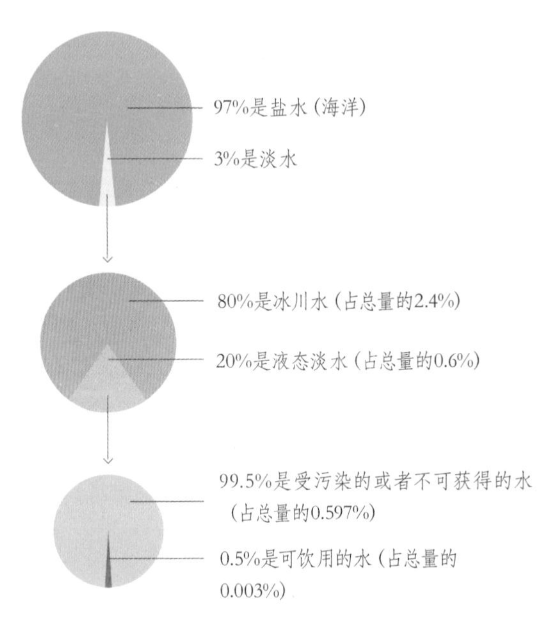

尽管地球表面 70% 的面积被水覆盖，但是只有 0.003% 的水是可以饮用和获得的（引自：美国地质勘探局）

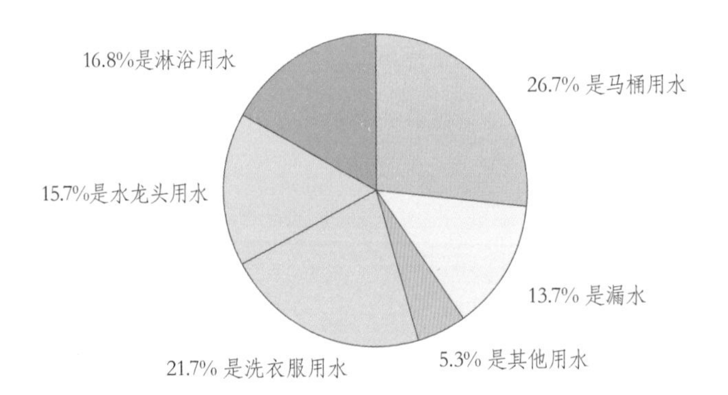

超过 1 / 4 的居住用水都用在了抽水马桶上（引自：美国环境保护局）

园艺景观

可以说，遍布郊区和办公园区的宽敞的美国式草坪，既不宽敞，也没有美国的风格。草坪是一个最早从英国引入的概念，这就意味着，和其他的事物相比，大多数的草都不是在当地土生土长的物种。草坪还需要农药和杀虫剂，还有肮脏、吵闹的除草机和吹落叶机。一项基于美国宇航局（NASA）航拍照片的研究显示，草坪是这个国家最需要灌溉的植物[2]。在大多数情况下，解决办法是限制草坪的面积，使用当地的树种和野花代替草坪覆盖地面。

这不必被视为一种牺牲，相反，这是一个需要反思我们企图的问题。建筑物需要被草坪所包围，这基本被大家默认，但是为什么呢？尽管有个地方可以坐、可以在上面玩耍是很好的，但是大部分的草坪仅仅是装饰（而且经常不好看）而已。自然的植物要更容易维护，更容易被生态系统所接受。在干旱地区，它体现在一种叫作“xeriscaping”的景观类型，前缀“xeri”源自希腊语“xeros”，是干旱的意思。而“可食用庭院”运动鼓励了另一种选择：通过种植粮食取代草坪，使得这些土地有所生产。

一块草坪被抗旱植物替换之前（左）和之后（右）。马里兰州巴尔的摩市的可食用住宅花园6号（2008年，由巴尔的摩当代博物馆提供）

中水

除了之前提到的控制雨水径流的技术，雨水还可以收集储存起来用做灌溉。收集雨水的工具可以是自制的桶、接着屋顶排水管的地面或地下的贮水池。讽刺的是，有些西部的州竟然禁止雨水收集，原因是会使下游的人接触不到雨水[3]。

收集的雨水有时候可以用来饮用和盥洗，但通常仅限于灌溉或者室内的非饮用用途，因此被归类为中水，其定义是没有被废物污染但是达不到饮用标准的水[4]。污染较重的水，如卫生间马桶出来的水，叫作污水。一个典型的室内中水系统，将收集所有排出的不含有机污染物的水，包括淋浴水、浴缸水和盥洗水。经过一定的过滤，这种水可以用来灌溉。一个更加复杂的系统可以利用中水冲马桶。这不仅需要单独的中水排水管，还需要单独的供水管，把中水引入马桶中。这里存在的一个障碍是，并不是所有的管线规范都已经升级到允许使用中水装置[5]。

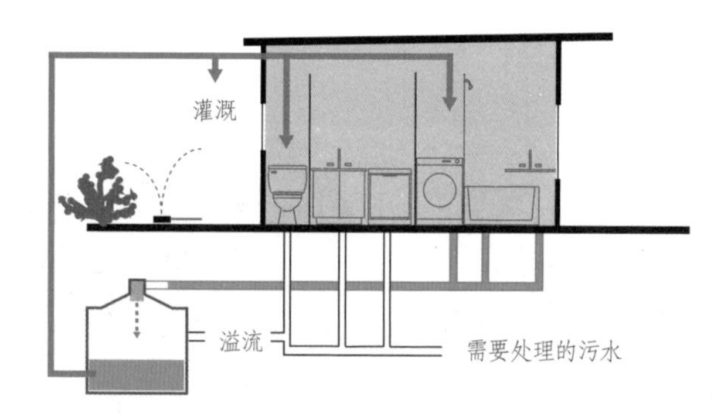

住宅中水系统图解

水的利用效率

中水系统通过用轻微污染的水替代淡水而减少了一部分水的消耗。一个更直接的减少水消耗的办法是使用节能或低流量的水龙头和其他装置。一些早期的低流量水龙头（特别是马桶和淋浴器）并没有起到很好的作用，变成了人们嘲弄的对象，这造成了一个历史遗留问题，使得在系统改进之后，人们仍然不想使用它们。好消息是，这些问题早已得到解决。现在，低流量的马桶可以和过去高消耗的马桶一样好用。按照定义，一个低流量的马桶每次冲水用水量不超过6 L，相比旧的模式，每次冲水要省水9~16 L[6]。一个更新的针对高效马桶（HETs）的标准进一步将消耗降低到4.8 L。高效马桶通过限制每次冲水的体积或者通过利用双冲水系统来达到这一指标，在双冲水系统中，马桶会用比冲洗固体废物更少的水来冲洗液体废物，平均使用的水要少于4.8L。

一个更极端的选择是使用堆肥马桶，废物被排放到堆肥池而不是污水管。几乎没有水被消耗，因为不需要用水来运送废物。很多人觉得难以克服使用它时的心理障碍，但是堆肥马桶在市政污水或者化粪系统不能用的时候很有用处。因为它们的水利用效率很高，甚至当只有传统污水系统可用的时候也有人开始选用它们。

现在已经有几家制造商在生产堆肥马桶及其相关的系统。一种模式是把堆肥池直接放在马桶下面，另一种模式是通过地下室将废物排到堆肥池中，这样可以利用加热系统（当然，需要电能）来催化发酵过程。如果维修保养得当，他们是没有气味的（实际上，它们比传统的马桶气味还要小），因为排泄物不储存在马桶中（但是需要经常把堆肥池排空）。和中水系统与无水小便池一样，建筑法规对堆肥马桶的许可因地方而不同。

小便池也可以是无水的。它的概念是不用水来冲洗排泄物，而是在管道内被一种比它轻的、总是浮在上面的液体所封存，防止挥发扩散。然后，排泄物被排放到一个传统的污水管中。产生的节约包括水的消耗以及不需要安装一个带有供水管道的小便池，这样可以抵消一部分周期性更换液体的费用。

马桶是废水的主要来源，但是浴室喷头和厨房的水龙头同样需要控制，通常的做法是简单更换水龙头末端的曝气器。然而，水龙头使用传感器，通常是为了卫生（这样你就不必去碰触一个可能很脏的水龙头），而不是为了节约，它们也未必能够节水。它们还经常需要使用电池来运行，这既造成了维护问题，也造成了浪费问题，不过，一些较新的型号已经可以使用水流来发电了。

很多节水泵都带有一个“水能效之星（Water Sense）”的标签。与更广为人知的“能源之星（Energy Star）”类似，水能效之星是一种能效评级，由美国环境保护署管理，包括马桶、浴室水龙头和喷淋头。

废水处理

用水效率涉及两个方面：入水（耗水量）和出水（污水）。处理污水的标准方法是把它排到市政处理系统或者化粪系统。一个对环境更友好的措施是通过一些自然的程序就地解决，例如生态机器（Eco-Machines）和人工湿地[7]。这两个都是仿生学的例子。仿生学是研究自然系统如何运作，从而设计出我们自己的系统的过程。生态机器最初由约翰·托德(JohnTodd)构想，涉及通过一系列分解废物的生物系统处理污水。从本质上说，它们相当于一个消化系统的基础设施，是把建筑想像成一个完整的或自给自足的系统的不可分割的一部分。

根据被处理的废物类型、场地和当地气候的不同，生态机器可以利用室内或室外的元素，或者二者结合。在室内，这个系统通常涉及一个在模拟温室环境中的通风容器，其表面给微生物分解废物提供了养分和场所，这些容器是一个包含了很多的细菌、植物、蜗牛和鱼的复杂的生态系统，它们组成了处理程序的基本条件。在室外，人工湿地中会埋设一些盆，以防止土壤被雨水过度侵蚀，并模仿自然湿地中的某些过程。人工湿地已经被用来同时处理径流和污水，还可以促进野生生物的繁衍。生态沼泽是另一种更简单的人工湿地，基地的雨水径流（不是污水）直接被导入排水管道，同时可以引导和净化水流。

生态机器和人工湿地在方法上有所区别（有时他们会被同时使用），但两者都试图使建筑物对生态系统产生更小的甚至接近于零的影响：建筑越接近于一个自给自足的系统，对它周围的社会和生态系统来说负担就越小。进一步来说，在接近零影响的基础上，自然污水处理可以成为再生设计的一个例子（在"生态设计：是什么和为什么"一章中讨论过），可以提供更多的好处，如生物燃料、饲料作物和观赏性花朵。

"零影响"是一个描述建筑能耗时经常被用到的词汇，但是从更宏观的角度来看，它涉及到建筑整个生命周期的所有系统和需求。因为我们的星球

欧米茄可持续生活中心（2009 年）生态机器组件的室内部分，由 BNIM 建筑事务所及约翰 · 托德生态设计合作设计

由基兰 · 汀布莱克设计的西德维尔友谊学校 (Sidwell Friends School，2006 年) 庭院也是人工湿地。水系示意图供学校社团学习使用

只有有限的资源（地球宇宙飞船的概念），所以可持续发展必须避免耗尽这些资源[8]。换句话说，它必须“零影响”。

紧挨着传统街道的排水沟式的生态处理池

第四章 能源效率：被动式技术

能源效率可能是当我们讨论建筑生态设计时第一个跳出脑海的题目，这是有充分理由的。人工建造环境的能源需求是非常大的，提高建筑能源效率也许是我们减少环境负担最有效的一个途径。

在能源效率中，有两大基本的实现途径：被动式技术和主动式技术。你可能会猜到，被动式技术的组成较简单，通常没有机械参与，而主动式技术则倾向于涉及更加先进的技术。而令人费解的是，被动式和主动式的区别实际上不在于是否有人类的参与。有些被动式的方法需要主动参与，比如打开或关上窗子和通风口，同时一些主动的方式根本不需要人来动手，例如太阳能光伏电板或者自动照明系统。

被动式和主动式的另外一个区别是，大多数的被动式的概念不是最近才提出的。人们经常使用几个世纪以前的古老工具或方法，而当工业时代的设计使它们被认为是多余的、不必要的时，这些做法便被搁置了。很多暂时丢失或者被遗忘的技术，现在正被重新发掘。

因为它们不是新的，大多数被动式技术都是成熟的、经过时间验证的概念，而不是诸如光伏发电或者发光二极管那类尖端技术。这就意味着没有什么未知的因素，没有什么可能会出错的因素。被动式工具一般也没有太多能动的部分，所以它们只需要很少的维修和维护。总之，这使得被动式技术更加简单、更加可靠，而且通常也比主动式技术更便宜。

事实上，很多生态设计师相信，被动式工具是开始的第一步，因为这通常会省下最大的一笔钱。

我们可以从开始了解当地的设计来理解被动式能源。大多数的本地固有建筑因当地的需要而产生，例如在采暖和空调系统发明以前，建筑在湿热的东南部如何冷却；在新英格兰地区的冬天，建筑如何采暖；在伊朗，建筑如何从风中获得能源，新墨西哥州的建筑又如何从阳光中获得好处等。这种设计和当地环境之间的历史悠久的关系，在工业时代结合现代建筑的时候被改变了，建筑不再受自然支配。同样的玻璃幕墙塔楼或木结构房屋可以被插入到世界的任何一个地方。建筑的每个面可能被设计得完全一样，完全不用顾及其所处的方向。不光是郊区开发的房屋看起来在全国各个地方都一样，而且任何朝向的房子看起来也都一样。这就形成了一种更简单的装配式建筑风格，可以适应现代市场化的世界，但是作为负责任的设计，它就不太合理了。如果能源消耗是一个问题，那么朝南的立面就需要不同于朝北的立面。类似地，处在达拉斯纬度地区的建筑立面，也应该与处在布法罗以北的建筑有所不同。

墨菲西斯设计的旧金山市政大楼（2007 年）的南、北立面，根据两侧不同的日照条件，设计也不相同

蓄热材料

太阳角度随纬度和季节而变化，导致建筑所接受太阳辐射量的不同。太阳辐射在主动性太阳能项目中是一个重要的因素（将在“能源效率：主动式技术”一章中讨论），也是被动式太阳能设计的重要组成部分。被动式太阳能建筑的设计，必须考虑在不同季节中所获得太阳能的数量和角度以及一天中不同时刻上的差别。当这些被综合考虑后，建筑可以在形状、体量、朝向、立面上得到优化，也将自然生成开窗方法。为了做到这点，很有必要将被动式太阳能设计的几个元素分解。美国能源部有一个非常简单的解释来说明建筑获取和分配太阳辐射的五个元素，现在总结如下[1]：

（1）孔洞（收集器）：阳光可以穿透从而进入建筑的玻璃面。

（2）吸收器：作为储存元素的硬质、暗色的表层。

（3）蓄热体：可以留存或者储藏太阳光产生的热量的材料。

（4）散热器：热量从收集器和储藏点到建筑不同位置循环的方法。一个严格的被动式设计不会使用机械方法。

（5）控制系统（控制器）：可以在夏季为洞口面积遮阴的屋顶挑檐和其

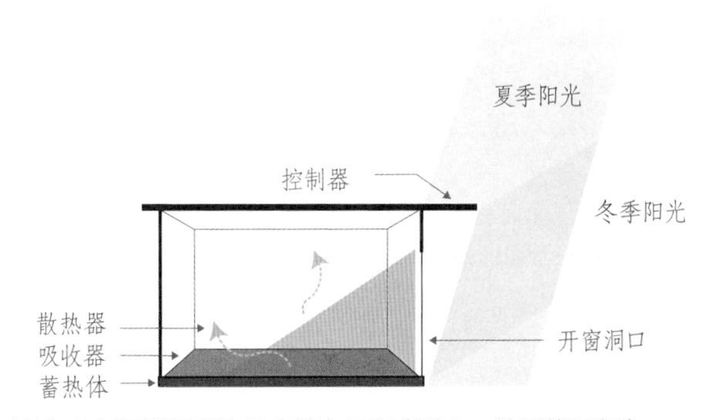

被动式太阳能取暖的五个基本元素（引自：美国能源部）

他方法。

在能源部的解释中，窗户和其他允许光进入的开口就是孔洞（收集器），屋檐、雨篷和窗户上的处理是控制系统。控制系统的设计将决定阳光辐射在何时、以何量通过孔洞进入建筑。可以从能源或者设计的角度单独研究这些元素。当生态设计被认为是一种附加的部分而不是在一开始就整合考虑时，这种方法经常被使用。就像前文所描述的，这种方法经常会导致设计缺少创新，不能从环境中和经济上取得最大的效益。仅仅在南向立面上增加挑檐来遮挡阳光进入，与将建筑看作一个多元素协同合作的系统是有区别的[2]。

控制系统的目标是在需要的时候允许阳光进入建筑，如在冬天的时候，以及在不需要的时候尽量减少阳光的进入，如在较热的几个月。挑檐如果设计得合理，可以做到这一点，百叶窗也可以，但是需要互动或者自动的系统。自然给我们提供了另一种方法：落叶的树由于在冬天没有树叶，夏天长满树叶，可以充当控制系统，它还可以同时减少碳足迹。在更寒冷的气候下，我们可以从这种完全有机的遮阳产品中获得更多好处，通过在建筑北侧种植针叶树，可以在冬季阻挡寒风、夏季提供遮阳（取决于纬度）。

当受控制的阳光进入建筑，就需要被管理。这时，蓄热材料开始发挥作

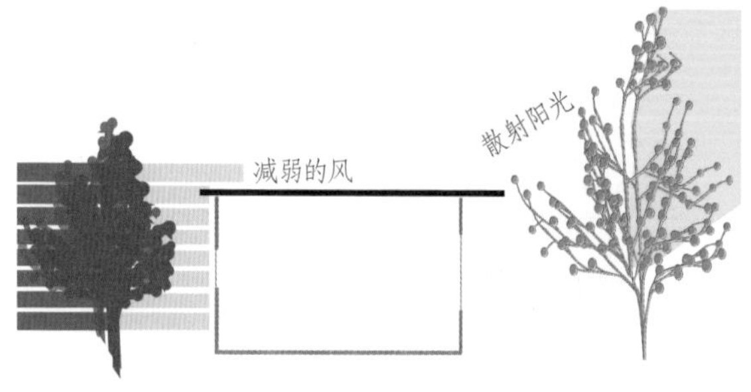

落叶树在夏季提供遮阳，在冬天允许阳光射入；针叶树在冬季提供挡风作用

用。如果不加以管理，辐射带来的热量会很快将空间加热，很可能让人感到不舒服，然后当太阳落山，热量又会很快地流失掉。解决办法是使一个建筑元素可以吸收保存太阳能，使得冷热的循环变得比较平衡。这涉及两部分：第一，需要一个可见的表面来吸收太阳能，一般这个表面叫作吸收器。因为浅颜色会反射更多，深颜色吸收更多，所以一个基本的规则是吸收器应当有相当深的颜色以提高吸收效率。被吸收的能量可以被储存起来，这要依靠蓄热材料，如混凝土、石材或者泥土，它们都有能力储存然后缓慢地再次辐射出能量。如混凝土表面覆盖深色的木地板就是一种很好的吸收器和蓄热材料的搭配。然而，这些材料不一定要分开，例如，深色的混凝土就可以身兼两职。

第二，在被动式太阳能设计中的元素是散热方式。在很多的被动式设计系统中，散热方式是储存热量的材料缓慢逐渐的散热。但是这也可以通过机械装置来辅助，比如风扇和鼓风机或者被动通风系统。

特伦布墙可以说是一个集合了以上五个元素的变体。在特伦布墙中，开孔变成了大面积的玻璃，吸收器和蓄热材料被平行放置在开口后面，带有通风口的空气层夹在其间。间层中的空气和蓄热材料充当了隔热层，所以热量不会散失到户外。相反，热量通过墙壁从室外传入室内。根据蓄热材料的密度和厚度不同，热量迟早会到达室内空间。例如，如果蓄热材料是一个0.2 m厚的混凝土墙，热量以一定的速度穿透它，将在8小时之后到达室内，这时已经接近日落，到了室外开始降温的时间。通过在特伦布墙上安装可以控制的开口，热量的分布可以得到更好的控制。增加玻璃和蓄热体之间空气层的厚度，这个空间还可以成为有用的温室或者阳光房。

特伦布墙可以被认为是集合了太阳热量收集器和额外保温层的装置。实

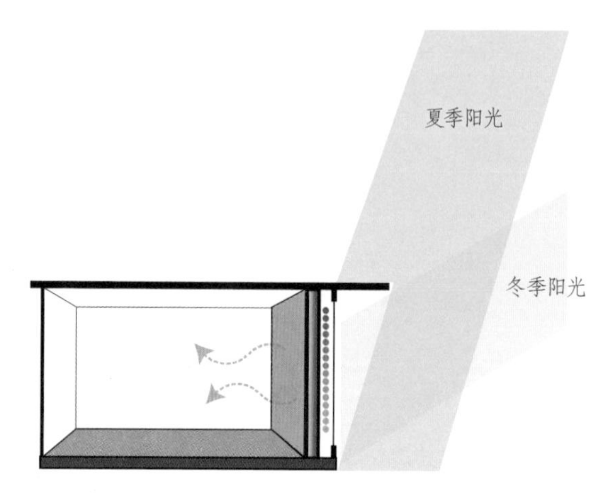

特伦布墙可以看作是一种被动式太阳蓄热的垂直变体

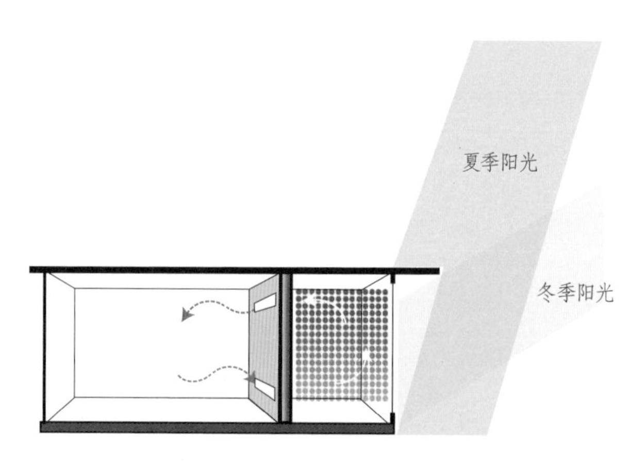

有可控开口和太阳房的特伦布墙

际上，这个概念有很多不同的版本，蓄热体的形式也可以是垂直的充满水的管子。从本质上说，特伦布墙创造了一个中间空间，在减缓温度波动的同时，缓解了外部气候对内部空间的影响。

双层表皮结构

热量缓冲空间的概念可以延伸到整个立面甚至整个建筑，这引导了本质上是“建筑物内的建筑”这种设计。尽管这层表皮看起来好像是多余的，是浪费材料，但是如果执行适当，它可以是非常有效率的表皮系统。这些双层表皮设计可以在技术含量较低的木结构居住建筑中看到，也可以在先进的幕墙建筑中看到。简单来说，南向双层幕墙类似一个特伦布墙，只是没有蓄热吸收器。太阳辐射使得表皮间空气受热上升，被加热的空气依季节的不同被用来加热建筑或者通风。通常，会引入遮阳系统来控制进入内层表皮的光和热。外层表皮还有保护内层不受雨水侵袭的作用。

当这个概念扩展到整个建筑，就演变成了双层围护系统，而不仅仅是双层立面了。惰性住宅（Enertia）是双层围护结构的一个例子，它是木质结构的专有概念，由内部主空间包围，由动态围护结构包围，其中气流随季节变化而调整[3]。在寒冷的冬天，南向的玻璃使动态层中的空气加热上升，到达阁楼，向木材释放热量；冷却的空气由北向下沉进入地下室，在地下室被蓄热材料所温暖。在夜间，这个循环逆过来，因为南向的外层比其他部位的温度下降得更快。在夏天，阁楼的热空气从通风口被排出，形成了地下室的低气压，空气被吸到这里并被土地所冷却。

菲格美术馆（2005 年）的表皮背后，由大卫 · 奇普菲尔德设计了一个内部幕墙，内外表皮一起，起到双层幕墙 / 双层表皮的作用

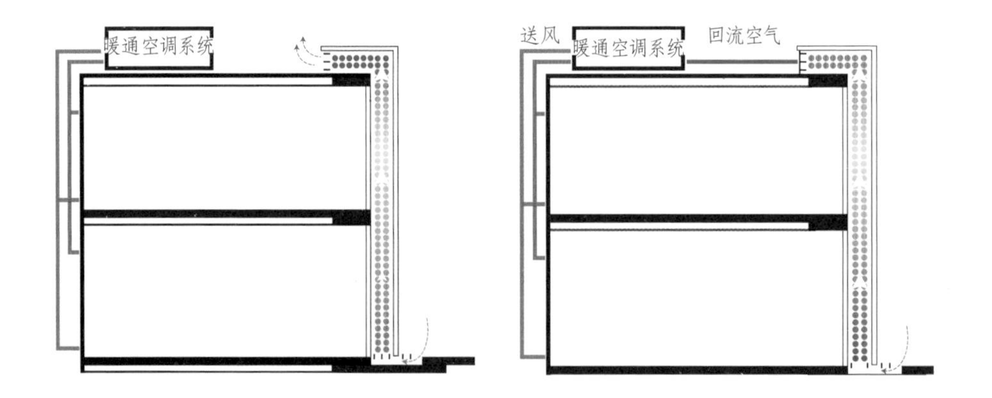

夏天，根据设计不同，热空气从顶部流通出去或者在每层楼板的顶部排出；冬天，温暖的气体被导入采暖系统来预热寒冷的室外新风系统（引自：劳伦斯伯克利国家实验室）

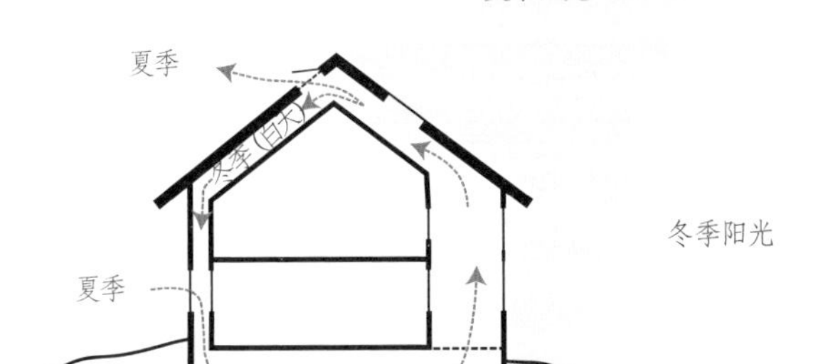

惰性住宅在冬季和夏季的日间空气流动图示，主要区别在于夏季热空气通过屋顶的通风口排出（未表示夜间空气流动）

覆土建筑

像前文所提到的那样，土地可以作为一种蓄热体，这指出了被动式加热和冷却的另一个方向：将建筑埋入地下。洞穴居住，当然是这种方法最早的例子。洞穴作为天然的避难所，可以居住，同时它还提供了额外的好处，就是它外面的岩石和土壤是自然环境温度变化的缓冲调节器。现在，利用这种设计办法并不一定是一种复古的审美，也不意味着真的就住在洞穴里（尽管在像希腊圣托里尼这样的地方有着很多非常美丽的洞穴住宅）。我们有着现代的、建筑上有趣的方法来升级这种概念，例如地下室、覆土建筑或者埋在坡地中的建筑。将一个建筑的大部分或者全部埋入地下，是一种很有效的控制温度波动的方法，问题在于如何避免审美和感情上对于地下生存的障碍。艾米利奥·安倍兹的精神修养中心示范了如何在不损失自然光的前提下来应对这个挑战。

另一种相对柔和的方法是将部分的结构覆盖上，或者是将建筑插入地下，或者是把土壤堆起来。新英格兰的土豆仓库就是一个很好的例子，土壤被沿着建筑的两条长边堆起来，保证土豆在冬天几乎处在恒温中。很多幸存遗留下来的长岛土豆仓库都被改造成艺术家的居所和工作室，想必相当保温。

半地下的贝迪金森校园中心（2008 年），结合了蓄热材料和植被屋顶

艾米利奥 · 安倍兹的精神修养中心的室内室外景观（1979 年设计，2004 年建成）

坡地中的建筑或者部分被埋在地下的建筑结合了生态设计的概念，例如绿色屋顶，就更有可能将前者整合进景观，尽量地减少它们在可见性和生态上的影响。就像在“场地问题”一章中所讨论的植物建筑一样，人工建造和自然之间的界限变得模糊。

蒙特利滨海生态度假中心设计方案，由布尔·斯托克威尔·艾伦设计，结合了覆土设计和很多生态设计原则，例如绿色屋顶和废弃土地的再生利用

太阳朝向

一个建筑要有效地利用蓄热体来做到利用太阳得热或者保温，它必须有着有利的朝向。这意味着建筑的最佳朝向是它的主轴线朝东西向，这样它就可以拥有在南向的被动式太阳窗，并在北侧尽量少开洞口以保温。在住宅的例子中，最有效的布局也许是将经常在白天使用的房间放在南面，更多在晚上使用的空间（如卧室）放在北侧。

当然，南向的窗也面临着夏季得热的问题（同东向、西向的窗一样），除非它们像之前描述的那样做好遮阳。北向的窗，特别是在高纬度地区，应当更小或者质量更好（或者二者兼有），以降低热量损失和寒冷北风的渗透。

太阳的朝向并不是影响得热的唯一的因素。主要季风向和自然或人工的遮挡物也很重要。例如，一个在南向的山坡（或高层建筑）很可能就使你所有的努力白费了。

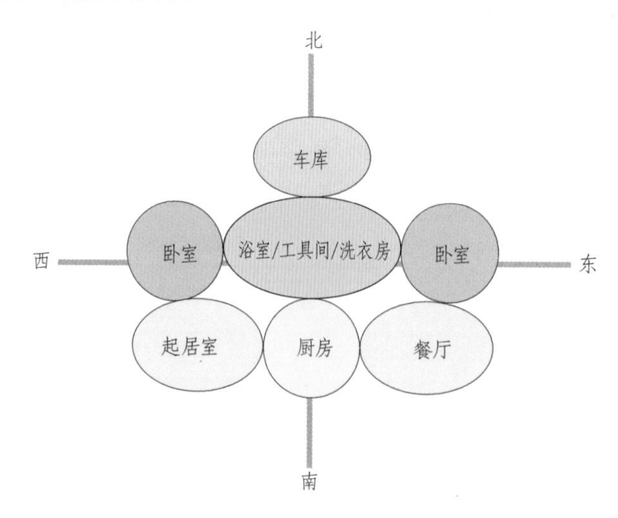

住宅利用太阳光朝向的平面图示

体形系数

体形系数是一个与建筑总体的体量和形状一样重要的因素，因为热量的获得和损失都是通过建筑的表面完成的，所以一个建筑有越少的向外暴露的表面积就越节能。这意味着多层的建筑在某种程度上，比单层的建筑更加节能（假设有着相同的结构）。这也是在城市的人们比住在郊区或半郊区的人们有更少碳足迹的原因。总的来说，要拥有更小的体形系数，意味着尽可能地减小所暴露的表面相对于内部空间的比例。这一点与其他设计目标稍微有点矛盾，特别是对自然采光。例如，当建筑占地面积很大，对采暖和制冷来说可能越有效，但是这也意味着更深、更暗地远离太阳光、视野和自然通风的空间。这种相互矛盾的目标，需要被加以衡量来达到平衡，这在生态设计中很常见。在某些情况下，能量模型和生命周期分析等工具可以指导决策，但是，模拟和分析总是不够完整，它们不具备足够的客观性，例如，能量模型不能够衡量考虑人对

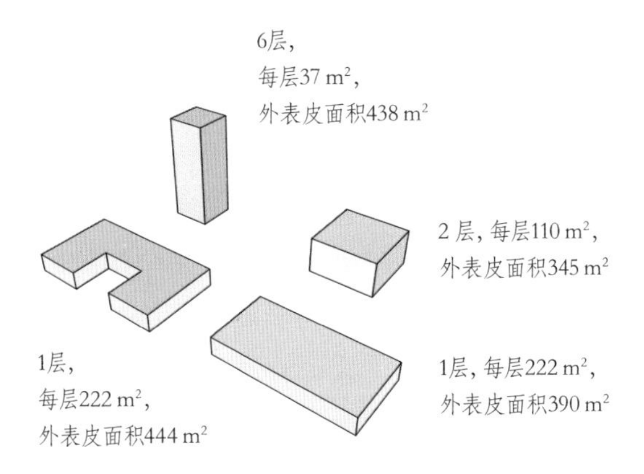

一般来说，相比不规则形状的建筑、单层建筑和特别高的建筑，建筑外表皮面积相对于体积的比例越小越节能

自然光的感情因素。在考虑对生态的各种影响之间的相对重要性时，主观的因素也会参与其中，我们将在“标签和评级：量化生态设计”一章讨论。因此，我们不能完全依赖公式给出答案，而是要获取模型提供的信息，分析、研究它们，通过一种创造性的过程，得到超越常规的创新解决方案。

窗和玻璃

设计一个较大的南向的暴露面积，并不意味着这个立面的玻璃面积越大越好。事实上，一些因素会减弱它的效果，例如窗户尺寸、热性能、阳光所照到的地板或墙的热性能，以及气候类型等。在热带地区的建筑，楼板蓄热体较少，可能不适合在南向安放大面积的玻璃窗（除非配合使用很有效的日光控制系统）。相反，在北方地区的建筑，有着石材的地板和保温性良好的窗户，可以很好地利用南向窗（如果很好地设计建造这些窗的话）。

现在我们比过去更多地关注了窗户。在20世纪60年代，建筑师们只能在是单层隔热还是双层保温玻璃之间简单地选择。现在即使是在一些拥有最舒适的气候条件的地方，保温玻璃也已经是最低的标准。更先进的选择有三层玻璃、热阻断玻璃、充气玻璃、低辐射玻璃等。为了简化决策，能源之星和美国国家窗户研究协会研究出了一套标签，列出了五种品质：

（1）***U***值，是更常用的*R*值的倒数，用来衡量窗户防止热量流失的能力。一个更低***U***值的窗意味着热量流失更少。这个值一般在0.2到1.2之间。

（2）太阳得热综合指数，是衡量窗户遮挡太阳光进入的能力。太阳得热综合指数在0到1之间，越低的数值表示穿透进入的热量越少。在大多数情况下，这个数值越低越好。

（3）可见光透射率，是衡量有多少光透过玻璃进入建筑的指标。类似于太阳得热综合指数，值也在0到1之间，数值越大意味着透射性更好。

（4）空气渗透量，是衡量相对于窗户的面积，有多少空气通过渗透的方式进来。它的单位是$m^3/(min\cdot m^2)$，越少的渗透越好。

（5）抗结露指数，是表示玻璃抵抗内表面产生结露现象的能力。数值在0到100之间，数值越高表示抵抗性越好。

低辐射玻璃（Low-E玻璃），是一种现在很流行的产品。低辐射在反射红外线的同时，允许可见光穿过，降低了太阳得热综合指数，同时保证了可见光透射率不变。

美国国家窗户研究协会的窗户标签

最近，充气玻璃变得常见。所充的气体一般是氩气或氪气，取代了玻璃板之间的空气。这些惰性气体减少了玻璃板之间的对流传热，从而提高了窗的热性能（尽管不是很高）。更高效的窗结合了低辐射覆膜、三层玻璃板和隔热气体，而制造“超级窗户”的技术通过热反射膜和增加的间隔条进一步提高了热性能，使得窗户几乎有了和墙体一样的R值。像在立面朝向和设计中讨论的那样，玻璃的光学性能在不同的朝向是要有区别的。

窗框也对环境有很大的影响，对低层建筑来说，哪种窗在生态上更好，是会根据结构方式的不同而不同的[4]。在很多标准上，乙烯基的窗子表现最好，也最便宜，然而，乙烯基在生态上是一种有争议的材料。木窗框有着耐久性差和需要维修的缺点，而且可能是用濒危树种制造的。铝制窗框，乙烯基的百叶，覆在木框上，试图平衡所有的这些问题。和乙烯基一样，玻璃纤维的制造和处理也引起了一些生态方面的担忧，但它的内能更低[5]。铝框热阻很低，而且内含能量很高（除非是使用回收原料）。所以，在很多关于生态的选择中，答案是很复杂的，充斥着各种矛盾，需要根据项目具体的环境来决定。

在生态设计中，几乎永远不可能有一个满足所有问题的答案。相反，答案要从环境文脉中推理出来，充满了相互矛盾的点和不同地点的特殊性，如窗户是在什么地方建造的、它可以持续多长时间、预算的多少（对建造以及使用过程）、建筑采暖制冷的能量来源是什么等。

保温材料

在龙骨和椽条间填充的那些黄色或者粉色毛状的保温层，几乎已经变成了提高节能性的独特标志。实际上，从热阻的角度看，一个没有任何保温层的墙比完全没有这堵墙好不到哪里。然而，标准的玻璃纤维保温层有一些明显的缺点，它一般含有甲醛，而且任何安装这种保温层的人都可能会遭遇纤维进入呼吸道造成的危险。更进一步说，它不适合填充缝隙，特别是管道和电线周围。尽管玻璃纤维已经有了各种改进（有些已经不含甲醛，有些使用可回收的材料制成），但纤维本身的问题和难以达到一定水平热阻的问题仍然存在。

有一些玻璃纤维的替代品，一种较早的物质是矿棉，一种从矿物或者高炉残渣中提取的人造纤维，分别叫石棉和高炉矿渣棉。它们一般被认为比玻璃纤维更加安全，但是会更昂贵一些。一种新的替代品是用棉布或者回收的牛仔布制造的，它最大的优点是你不需要穿着防护服来安装，因为它是用植物而不是玻璃纤维制造的，它是可以被生物降解的。缺点是它的造价，比传统的玻璃纤维贵50%到100%。

这种类型的保温隔热材料以卷的形式出现，叫作保温卷材，但是还有其他形式的材料。吹入式保温材料，又称松散材料，和其他材料相比，它是一种改造现存墙面和阁楼的有用的材料。为墙增加保温性能的典型做法是将外墙的顶部去掉，或者是在内部墙板上钻洞，以便到达内部的空心夹层，然后从这些开口处吹入松散材料。直到最近，玻璃纤维还是松散材料的主流。现在，用再生纸制造的纤维素材料已经变得更为常见。就像保温卷材一样，纤维素也经过无毒防火材料处理，不含有甲醛。这种材料的早期版本，容易在墙体内下沉，造成顶部保温不足，但是新的配方和吹入技术已经在很大程度上最小化了这个问题。

松散材料的显著优点是它更适合填充缝隙和一些不容易进入的区域，例如在交界处的周围、电箱和管道。膨胀保温材料在这一点上甚至

一些常用保温材料的R值对比

保温材料	每米厚度的R值
玻璃纤维	122～169
岩棉	122～157
棉	122～146
多孔材料	146
开放孔隙泡沫材料	142～150
封闭孔隙泡沫材料	228～268

更好，安装过程包括喷涂泡沫，然后泡沫会膨胀，在这个过程中填充了缝隙。有两种基本的膨胀保温材料：开放孔隙的和封闭孔隙的。开放孔隙的泡沫比封闭孔隙的泡沫膨胀更多，可以增加到初始体积的100倍，每米厚度的R值接近157。封闭孔隙的膨胀材料相比之下不会膨胀那么多，但是密度更大，每米厚度的R值更高，接近开放孔隙材料的2倍，因此，开放孔隙的保温材料需要更多的空腔。而且它们也必须处于封闭围护结构的保护之下，因为风干的泡沫可能会比封闭孔隙的材料软。

现在更多的泡沫材料基于生物配方制取，而不是原来的石油基材料，喷涂泡沫不再损耗臭氧层。然而，由于其短期毒性，安装工人必须穿防护服，目前环保署正在研究潜在的后期问题。另一个缺点是费用，喷涂泡沫比玻璃纤维卷材更贵。

冷却屋顶

蓄热材料的目标是收集并吸取热量。然而对于屋顶来说，目标是相反的。对有些季节，尤其是夏季，热量应当被反射掉。一是为了尽量减少建筑内部的得热。传统深色屋顶，不管是沥青瓦还是含有沥青的材料，都是一种很好的吸收器，这对蓄热的情况很有好处，但是在热量会累积的屋顶上就不是了。另一个反射热量的原因是因为一种叫作热岛效应的现象。一般来说，建筑物较多的地区比周边建筑物不那么密集的地区温度要高几度。在大的方面来说，这是因为表面积的比例，特别是硬质铺地和屋顶这些覆盖着深色材料的表面所占的比例。应该让屋顶变成浅色，反射太阳辐射，帮助减轻室内和室外两方面热量的累积。

屋顶材料系统有几个指标，最常见的评价标准是反射率。它反映了一种材料反射能力的程度，数值从0（完全吸收）到1（完全反射）。“能源之星”级别的平屋顶建筑必须使用反射率至少为0.65的材料，坡屋顶的建筑材料反射率至少为0.25。

材料的反射率可能不能完全描述它的热吸收能力。例如金属屋顶，尽管反射程度很高，但是辐射程度却很低，导致它会比同样反射率的非金属材料升温更快。太阳反射指数（SRI）是比反射率和辐射率都新的标准[6]。一个标准的黑色表面太阳反射指数是0，标准白色表面的指数是100。能源与环境设计标准（LEED）体系中的热岛效应标准，对低坡度屋顶要求太阳反射指数至少78，陡坡屋顶至少29。

冷却屋顶的缺点是在冬天会损失得到的热量。理想情况下，我们的屋顶全年都会变色，事实上，这些屋顶正在开发中。这种类型的材料研究显示了新技术和一些经过时间验证的观念的结合。

辐射隔离

另一种减少夏季从屋顶得热的方法是安装一个辐射隔离装置。这是一种安装在屋顶和椽条下面或者阁楼地板上的反射性表面，可以减少穿透阁楼或者建筑顶层的太阳热量。在冬季，它还对限制热量流失有帮助。为了让辐射隔离装置起作用，它在接邻反射面（可以向外也可以向内）的地方至少有0.2 m厚的空气间层。

对于在冷却屋顶中再加一个辐射隔离是否有意义尚存争议，因为冷却屋顶已经反射了大部分的太阳得热。虽然它不会妨碍反而会协助冬季太阳得热，但是其造价可能不能从减少的空调费用中节省出来。

辐射隔离装置不能帮助减少热岛效应，它们的主要目标是减少建筑内部的得热和空调能耗，而且只对建筑顶层有用。因此，在高层结构中，降低的制冷能耗相对于整体能耗就不太明显。类似的，通过冷却屋顶（或绿色屋顶、植被屋顶）所减少的得热也只能在顶楼才能感觉到，而热岛效应的降低，更依赖于屋顶面积和开放空间的比例，与建筑高度无关。

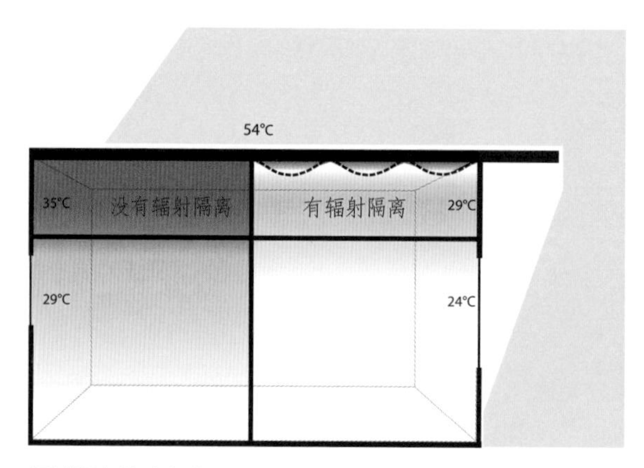

辐射隔离的冷却作用

通风和循环

如果我们唯一的目标就是在一个室外温度不舒适的气候环境下控制建筑内部的温度，那么，主要从如何储存热量或者使热量留住或排出的角度来关注建筑围护结构就可以了。然而，除非是极地研究实验室，一般情况下，这是不够的。在大多数地方，都有一些室外空气是令人愉快的时间，如果只考虑节省能源的话，使用室外的新鲜空气代替空调和机械设备来为整个建筑通风是很好的。除了这一点，还有一些时间，在室外空气没有那么理想的情况下，我们也还可以用自然通风代替机械冷却。这不仅需要更好地理解备用的自然系统，还要重新来研究学习一些古老的、甚至是被遗忘了的技术。

空气运动的第一个规则（至少在这次讨论中如此）是热空气会上升[7]。几个世纪以来，建筑设计就利用了这个事实来使空气循环起来，典型的就是利用烟囱或者高耸的空间，在这些空间中，热空气上升形成一种拉力，拉动了建筑底部空间的空气，这个过程被称为烟囱效应。这解释了为什么开着门的有壁炉的房间反而会更冷：从烟囱中上升的空气流动要求吸入外面的空气来填补它。壁炉中的热空气被送到上面，从烟囱排出，寒冷的室外空气被带入室内。除了烟囱之外，唯一变温暖的地方就是紧挨着壁炉的正前方。

可以在温暖的气候中有意地使用这种副作用的冷却功能来为建筑自然地冷却和通风，这种做法经常被称为太阳烟囱。通过创造一个顶部通风的高空间来达到这个效果，当空气变热，它就可以向上运动被排出。可以利用太阳能来加热烟囱，使得内部的空气更快地被加热。这样的烟囱应有南向的开敞，为了达到最佳的效果，可以用深色的表面来吸收太阳辐射。

在华盛顿，基兰·汀布莱克在西德维尔友谊学校建筑中设计了这样

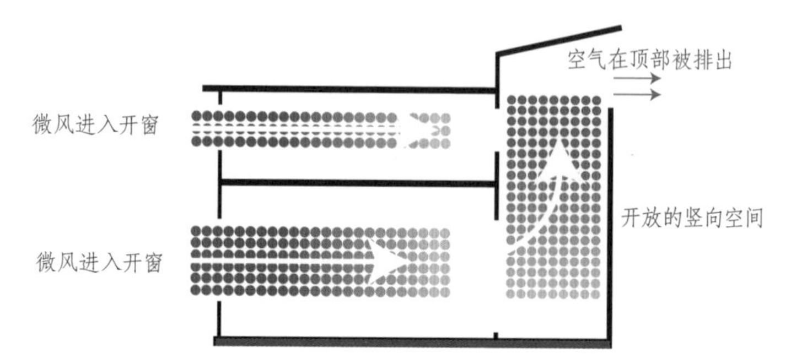

结合主导风向的烟囱效应与自然通风相结合图示

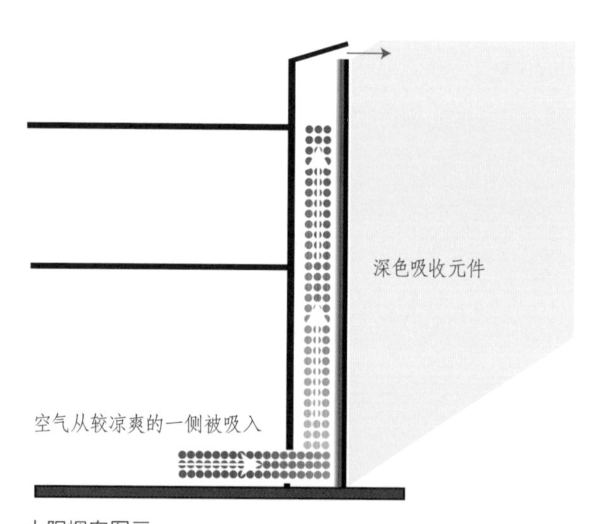

太阳烟囱图示

的烟囱，为一些教室服务。这些烟囱有着南向的玻璃，起到类似温室的作用。为了让这些烟囱有一种教学的体验作用（一种在“可持续设计的未来”一章会讨论的“可见的绿色”的例子），建筑师在烟囱的入口处安装了风标和风铃。

烟囱效应并不要求必须有一个真正的烟囱或者塔楼。作为一个最近的创新，我们公司建议在一个住宅的中间安装一个阳光中庭，周围的房间都对着中庭开门，风就可以从外面进入房间循环起来。随着阳光中庭内的空气温度升高，空气会从中庭顶部的通风口排出。结合使用排风扇，烟囱效应可以极大地减少建筑对空调的需求。

传统的波斯捕风装置是通风烟囱的另一个创意应用的例子。在伊朗干热的气候环境下，捕风装置在各个面都有开口，风可以从烟囱的一面进入，形成使空气下沉进入建筑的正压力。然后随着内部空气温度升高，它会上升到排气部位，即捕风装置的负压一侧。增加的环节是，建筑还有从地下层的进气口，经过地下存水罐的空气虹吸系统进入建筑，这些暗渠叫作“坎儿井”。进入的空气被坎儿井冷却加湿后进入建筑，在建筑中与捕风装置引入的空气混合。通过结合使用，这个系统可以在伊朗炎热的夏天使空间保持凉爽。

尽管这个系统如此的巧妙，但令人感到震撼的是人类并不是唯一使用这个方法的生物。在非洲的一些地区，有一些这样的结构，如果放大到人类的尺度，等于几百层楼高。它在几个方面上都是非常卓越的：第一，它们没有结构师和工程师；第二，它们处在白天温度40℃、晚上温度1.6℃的环境下，却不需要空调系统；第三，它们是白蚁建造的。

图为西德维尔友谊学校的太阳烟囱，注意烟囱周围大面积的绿化屋顶

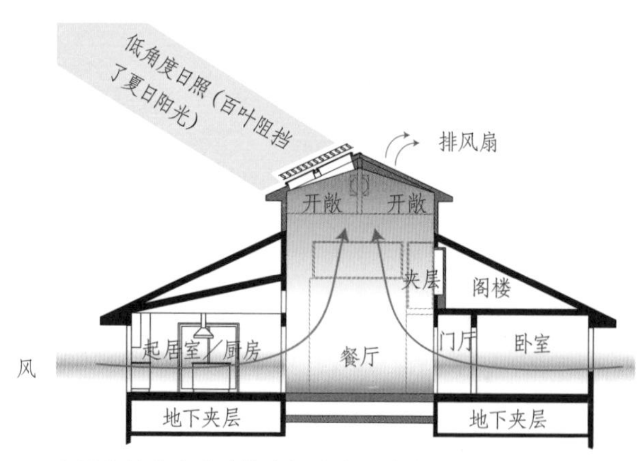

在已有的中庭式建筑中加建太阳中庭，由大卫·伯格曼事务所设计（黑色结构为既有结构，灰色为设计新增结构）

白蚁丘是用泥土混合白蚁的唾液堆积而成的，唾液可以使材料变硬，能够使结构坚持到其居民都死掉。作为一个大自然中不存在废物的例子，土丘最后会变成植物的养分。但是这些土丘最卓越的一点是通风，尽管周围环境有着极端的昼夜温差，但在没有压缩机、锅炉、管道和风扇的情况下，土丘内温度始终保持在29.5～30.5℃的范围内。土丘内建有几百个通风口，白蚁通过打开或关上这些开口来控制气流。需要时，白蚁还会从地下带回湿润的土壤来加湿内部。

理解白蚁丘然后将这些知识运用到建筑中是一个很好的仿生学的例子，就像很多建筑已经做到的那样。在津巴布韦的哈拉雷，米克·皮尔斯的团队和奥雅纳公司设计了一个商业建筑，模仿了白蚁丘系统，整个建筑有着不计其数的通风口，在屋顶有一列通风烟囱。结合这些以及被动式太阳能技术（中央的中庭，有控制系统的玻璃面积，北向遮阳，由于这是在南半球，厚重的砖瓦结构作为蓄热体），建筑可以完全不用空调系统，在一年中除了几天之外的其他日子都很舒适。

这个概念的另一个变体被克赫·佩德尔森·福克斯运用在马德里的一个集团总部的设计中。就像波斯捕风装置那样，空气在被引入地面层之前，先在停车层之下的一个通道中被冷却。冷却后的空气通过中央中庭，当空气被加热上升时，就会从屋顶排出。

很多这样的通风概念在干燥的地区都可以很好地工作，但是在湿热的地区却很难实行。从能源效率的角度看，除湿是一个尽管并非无解但是解决起来却很困难的问题。因为解决措施一般要涉及机械系统，所以这个问题会在“能源效率：主动式技术”一章中讨论。

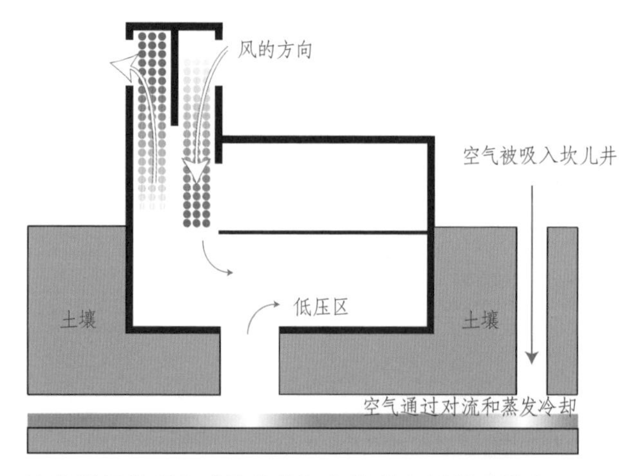

波斯捕风装置和“坎儿井”的照片和图解（引自：worldarab.net）

相比被动式技术强调将建筑设计得耗能更少，主动式的方法倾向于关注能量的有效来源。最便宜的能源是不会被耗费的能源。环保主义者卢安武把这一点叫作“避免浪费1瓦特”。

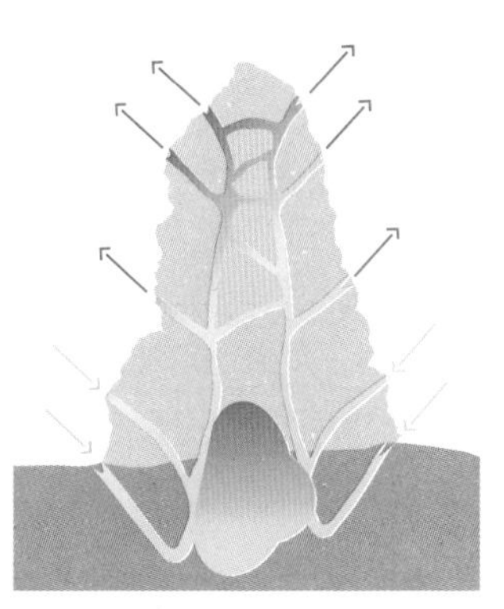

白蚁丘的照片和图解，演示通道和通风口如何控制温度

澳大利亚墨尔本 2 号议会大厦（2006 年），由米克·皮尔斯设计，使用了从白蚁丘概念发展而来的通风系统

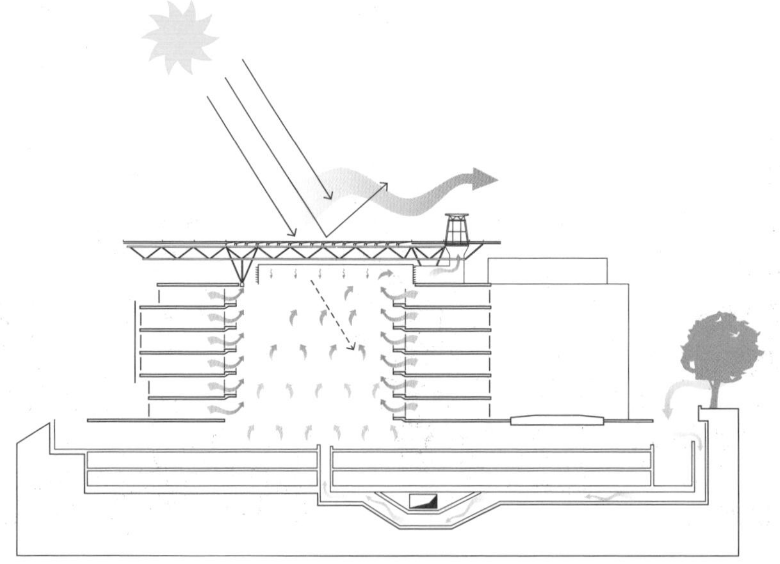

由克赫·佩德尔森·福克斯设计的墨尔本恩德萨公司总部中心（2002 年）使用了室内中庭，设计者将其描述为“建筑的肺”，通过地下通道冷却空气，通过风道进行通风

被动式住宅

也许对这些节能方法最先进的应用就是被动式住宅运动。它源于德国，在那里被称为“passivhaus”，已经开始在美国展开。基本的概念是，一个超级保温的房屋，有着严格控制的通风和空气过滤系统。它结合了常规的太阳朝向和热动力学的观点，结合了体形系数尽量小的体量。这种技术的支持者宣称，这种在一开始就减少了建筑能耗的方法，比那种寻找产生可替代能源的方法更加切实可行。他们的研究显示，被动式住宅（尽管被称为住宅，但是这些技术可以用于商业和大型建筑，而不仅仅是住宅）的长期费用比传统结构或采取了其他生态设计手段的建筑少得多，初期投入的建设成本，通过长期的能源上的节约完全可以回收。建筑可以通过满足一些特定的要求获得被动式住宅的认证，这将在“标签和评级：量化生态设计”一章中讨论。

犹他州的风道（Breezeway）住宅（2009 年），由布拉赫事务所设计，是一个通过认证的被动式住宅

第五章 能源效率：主动式技术

被动式节能通常是基于热力学的基本理念：能量在材料中的流动以及热量在空气中的流动。其结果就是，被动式设计通常涉及一些较为低端的技术，相对而言不那么复杂，也几乎没有什么活动组件，其首要目标是追求能源的高效率。超高效的或者被动式住宅设计将被动式节能推至极限，所以使其可能会减少甚至消除对制热、制冷设备的需求。然而，单靠被动式技术本身并不能达到零耗能或者碳中和的建筑目标，尤其是考虑到诸如电气、电子设备等住宅内的现代设备对能源的需求。不管建筑和技术发展得多么高效，总会需要用到一定的能源。因此，为了适应这些能耗需求，不仅要使建筑和设备变得更加高效，还要致力于寻求替代能源。本章将探讨一些通过主动式技术来降低建筑能耗的方法，同时通过本地的、可再生的发电来满足其他的能源需求。

我们的目标不一定是创造完全自给自足的建筑。在偏远地区，电力或燃料的环境和经济成本可能高得令人望而却步，但在发达地区，最高效率可能比自给自足更有利。在基地内产生可再生能源，真的比在远郊的风车或者潮汐发电对环境更好么？这是另一个在生态设计中有不止一个答案的问题。在这种情况下，答案取决于当地可能的新能源的可利用性（有多少风能、太阳能或者地热能的潜力）、可用能量来源的类型、与基地的距离、建筑能量使用的密度、储存能量的能力和很多其他的因素。最重要的是，我们必须设计出耗能尽可能少的建筑，然后以尽可能环保的方式提供这些能源。“充分利用当下的太阳能生活”的概念指出，我们可以使用的唯一不需要回填补充的能量是太阳能，这是可持续设计最基本的原则之一。如果我们不用现有的太阳能，而是去耗费我们不可再生的资源财产，我们迟早会用尽一种或更多不可再生能源。

接下来的两个部分将阐述两种最直接的、最有效的利用太阳能的主动技术：太阳能集热器和太阳能光伏电板。

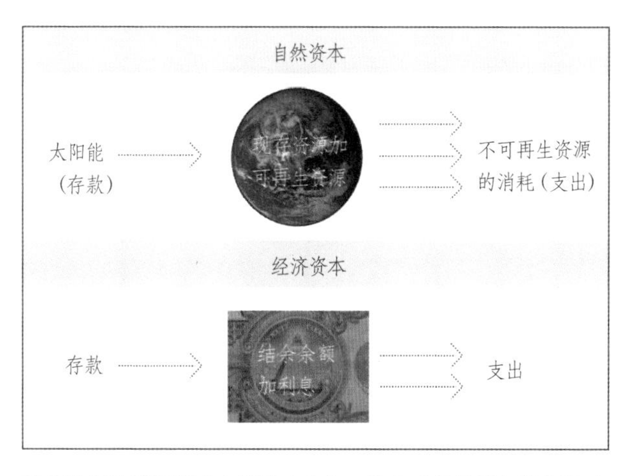

我们使用地球资源（自然资本）的一种方式是将其与银行账户进行比较，我们可以从账户中支出的数量必须少于存入的数量（太阳能收入）和利息（材料的更新）

太阳能集热器

在这一章中很多的技术是相对很新的，是时代前沿的。然而，太阳能集热器是一种古老而且相当成熟的技术。它是最初的集热系统，已经存在了1个世纪以上。温室就是一种太阳能集热器（在很大程度上，阳光下的汽车内部也是一样的）。

在现代的太阳能集热器中，循环液体通过一系列的热量收集管收集热量，它们通常用玻璃板覆盖（实际上是小型的特伦布墙）。液体被得到的太阳热量所加热，直接或间接地用来加热水或者空间。在一个开放系统中，液体是平常的水，它可以直接被使用——直接接入管道，或者用来加热泳池。这里潜在的问题是，系统中的水必须足够干净可以直接使用。不能含有像防冻剂这样的添加剂，这意味着液体有结冰的危险。因为这个原因，大多数太阳能集热器使用封闭的间接系统，在这个系统里，被太阳加热的液体（含有防冻剂）会被导入一个热量交换容器中，将热量传给管道中的循环水或加热系统。

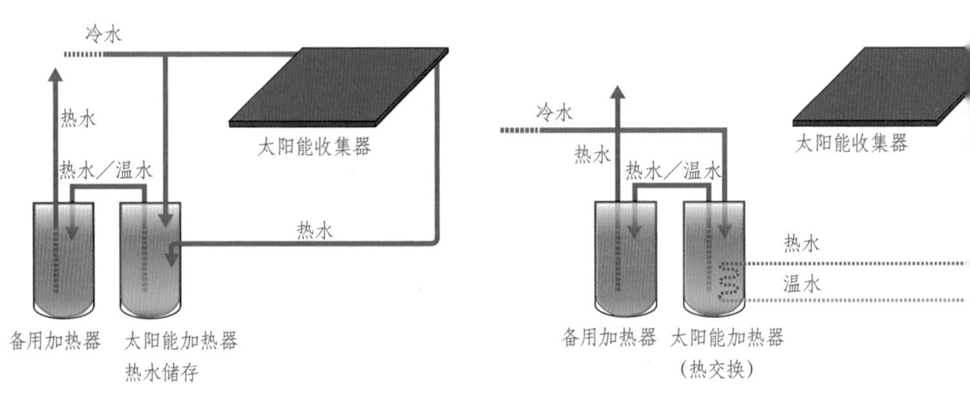

开放和封闭系统的太阳能集热器热水系统图示（引自：southface.org 和 homepower.com）

因为太阳能集热技术是一项经过了时间考验的技术，它的优点和缺点以及造价和好处也相对被大家所熟知。根据设备应用情况、当地公用事业费率、是否有政府补贴等，太阳能集热器的回报期在5年到20年之间。它们不是最美观、最节能的技术，除非将外观整合进整个设计中，但是它们是最没有风险的技术。为了提高效率，可以使用节水管道，如低流量淋浴头和水龙头，使对热水的需求量达到最小，或者使用被动式太阳能技术减少采暖的需要。

太阳能集热板可以是像这样暴露在外面的集热管，也可以是在透明覆盖层之下的管子

太阳能光伏电板

一些太阳能光伏电板（PV板）可能看起来很像太阳能集热器，因为二者都是在野外或屋顶倾斜安装的、有玻璃覆盖着的方盒子，但是它们有着根本上的不同。太阳能集热器利用太阳辐射热直接加热一种液体，而PV板则通过一系列复杂的过程将太阳能辐射转化为电能。与集热器不同，光伏技术仍在发展，技术进步和新方法提高了效率和可行性，并创造了潜在的新应用。

传统的光伏电板，类似于太阳能收集器，使用晶体硅电池将光转化为电。解释这是如何发生的，超出了本书的范围，但是美国能源部节能和可再生能源的网页对涉及的物理变化提供了一个非常好的解释[1]。光伏电板一般不能直接接入建筑的电能系统，因为光伏电板的输出是直流电，而不是大多数系统、设备、光源和电器所使用的交流电，这需要转换器或者变压器。具有讽刺意味的是，大多数的电子设备又将这个能量转换为低电压的直流电，这将不幸地导致效率的降低。

传统光伏电板一般铺设在建筑的屋顶或附近

但是当太阳落山或者外面阴天怎么办？有两种解决办法。第一个是使用电池来储存白天生产的能量。如果系统可以产生足够的电能，既满足建筑白天对电能的需要，又可以储存足够的能量供晚上使用，建筑就可以脱离电网，这意味着它不再需要接入外在的能量来源。存在的短板是电池，脱离电网的建筑需要用来储藏能量的电池，它们沉重、昂贵，而且当丢弃时处置不当是有毒的。

在很多情况下，另一种更为可行的方法是放弃能源的独立，只在有太阳的白天通过光伏电板产生能量，没有太阳时就从能源公司取电。这不一定是一个缺点，实际上，光伏系统可以和电网系统互补，例如，当太阳升起并且光伏电板产生的能量比建筑所需要的更多时，多余的电能可以发送给电力公司。电表反向运行，表示电力公司正在提取（并付费）系统产生的多余能量，这叫作“净电表”，现在很多公司都可以安装，尽管国家电网最初不是为此而建立。与远距离集中发电相反，智能电网的目标是进一步推动局部化生产的能量的分配。安装了净电表，光伏系统在白天“赚钱”，晚上“消费”。

除了费用之外，这个概念还有更多的优点。在炎热、阳光明媚的工作日，白天由于使用空调造成的电能需求高峰，系统需要从电网中提取能量，有时候会导致局部暂时限制用电，或者轮流的用电管制。但在这种情况下，光伏电板可以最高效地工作。接入电网的光伏系统在电网最需要的时候补充了电能网络，而在电网负荷的非高峰期提取能量，这时的电网有多余的足够的能力，而且电能更便宜。这从根本上填充了白天的用电需求，而且可以使电网工作的效率更高。

传统晶体硅光伏电板的技术已经进步了，但是这些系统看起来是建筑物上丑陋的附属物。很多有诚意的房屋买家被建筑学上的美观性阻碍了脚步，所以有的居委会将光伏电板视为碍眼的物体。一种新型的光伏电板提供了克服美观问题的可能，被称为薄膜板或者不定形硅光伏电板，这些新的光伏电板比我们熟悉的在屋顶附加的那些光伏板更薄。

薄膜光伏电板制造简单而且费用更低，一些生产工艺与喷墨印刷技术类似，薄膜光伏电板组装机器产出的产品是一卷金属箔。除了节省成本，这项科技令人兴奋的原因还有它打开了将光伏电板整合进建筑材料的整体设计上的可能性，使得它成为建筑的一部分，而不是附属物。这种利用光伏电板的新方式叫作建筑整合光伏电板（BIPV）。它可以用做屋顶瓦片上的薄膜板，然后取代传统瓦片或者安在传统瓦片的旁边。也可以被用在立接缝的金属屋顶上，还可以整合进屋脊和可见光的玻璃上。

关于光伏电板还存在一个问题，那就是一栋建筑可以产生多少能量，它是否真正具有成本效益。对此的计算涉及屋顶的面积和坡度、纬度、气候模式及基地的遮挡性等，可能会变得相当复杂。但是在网络上可以找到简化的计算器[2]。美国各个州和市的激励性措施，也可以影响其经济性。国家可再生能源和效率政策数据库是一个搜索的好资源，从中可以找到对可再生能源和节能在各种公共事业、各地区、各州和联邦的政策和免税措施[3]。

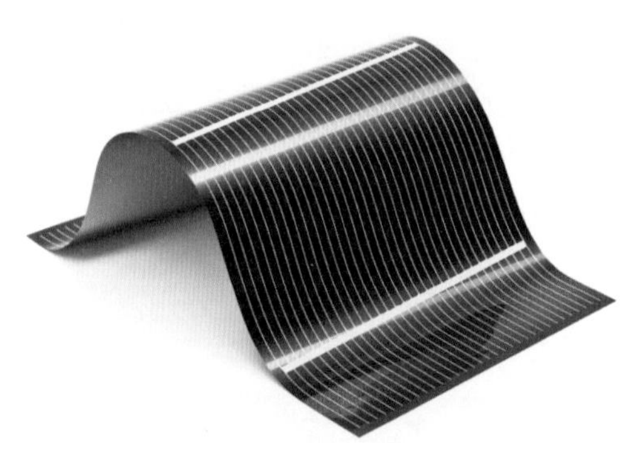

薄膜光伏电板是新一代技术，以其轻薄、灵活和潜在的透明度，打开了很多设计上的可能

另一个建筑光伏一体化的例子，由 SRG 事务所设计

薄膜光伏电板应用在屋顶瓦片中是建筑光伏一体化的例子

风能

拥有宽叶片涡轮机的广阔风电场在山顶或海洋上呈扇形展开，已成为可再生能源运动的标志。对有些人来说，它们是宏伟壮丽的；对另一些人来说，它们是嘈杂的、丑陋的杀鸟机器。同样完全不同的观点也可以在分布式风力发电机上发现——对于在建筑物之上或者旁边安装的小规模的风车是否真的有效是有所争议的。从概念上来说，本地发电比远程风力发电场或其他发电站发电更为合理。然而，《环境建筑新闻》在2010年指出："在建筑上的风车很难表现良好，即使可以，也不经济。"

尽管如此，风车技术注定会继续提高，成本更低、外观更好看、更安静、更有效率的风车会被开发出来[4]。正如光伏电板正在与建筑整合，风车的设计也正在从后添加的附属物变成建筑的一部分。它们可以是巨大的、明显的，如同在巴林世界贸易中心中一样作为一种设计的宣言，也可以是小一些、隐蔽一些的。

风车也可以在形式上产生很多变化，从传统的螺旋桨式叶片到垂直式的轴向风车（它转起来如同螺旋锥）。后一种设计可以使风车运行不受风向的影响，而且占地更小，审美上也更有趣。和光伏电板一样，重要的是要根据当地的气候条件和经济刺激性措施来决定风电项目是否可行。

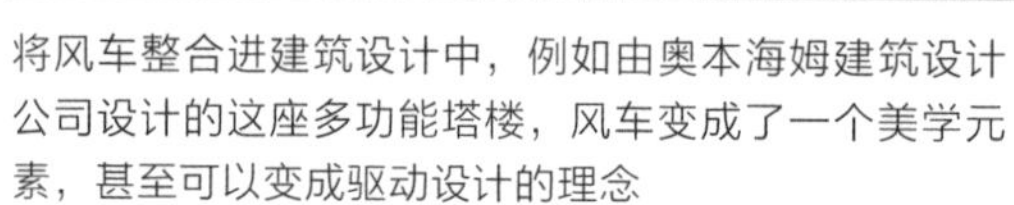

将风车整合进建筑设计中，例如由奥本海姆建筑设计公司设计的这座多功能塔楼，风车变成了一个美学元素，甚至可以变成驱动设计的理念

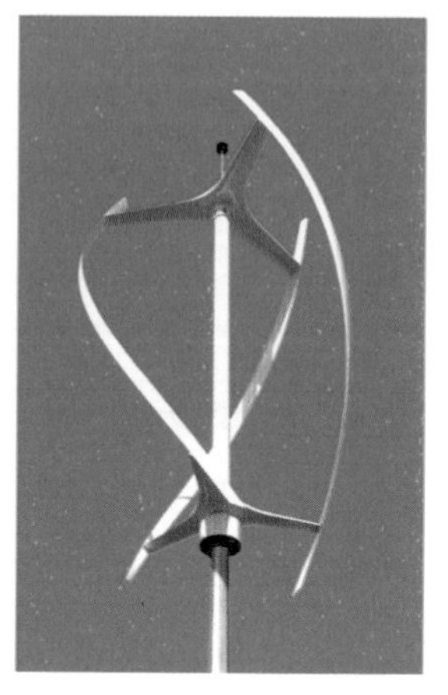

垂直型风车不依赖于风向，可以比传统风车提供更多美学上的选择

机械系统

在世界上的大部分地区，即使是超级保温的被动式太阳能建筑也通常需要补充机械的制冷和取暖。特别是对这些建筑，有控制的机械通风使得新鲜空气进入相对密封的围护结构中是很重要的。在大多数建筑中，在超越了被动式系统能够达到的范围之外提供热能上的舒适，保持室内空气质量，是由空调系统完成的。

采暖和制冷是建筑耗能最多的功能之一。减少能量需求的一种办法是转移热量，而不是创造热量。相对于通过锅炉来制造热量，热泵是从一个位置转移多余的热量到另一个位置，这个过程通过蒸发液体或者冷凝气体来完成。蒸发和冷凝的过程会以热能的形式吸收或者释放能量。当过程逆过来时，气体或液体将在建筑中循环。

空气源热泵从空气中吸收或释放能量，经常使用带有室内和室外分机的散流器。对于小一些的项目（如住宅扩展），小型的散流系统通过管道连接室外的压缩机和室内或者天花板上的风扇，直接加热或者冷却一个房间，而不需要气体管道。管道有一些缺点，它们会占用宝贵的空间，或者需要降低天花板高度来隐藏这些管道。从能量的角度来看，管道会随着距离损失能量，特别是在连接口部位和管道系统中的转弯部位。

因为室外空气温度不断变化，特别是在寒冷气候区，空气源热泵可能不足以满足制冷采暖的能量来源。幸运的是，还有一个更加稳定的能量来源：大地。通过大地来缓冲建筑的蓄热体，在之前以覆土建筑和地下构筑物的形式讨论过。类似地，地源热泵，有的时候也被称为地热或者地热交换系统，利用地下相对恒定的温度来加热或冷却空间。根据纬度不同，地表以下1.8 m处的温度可以稳定地保持在7~14℃之间[5]。为了获取地表下的恒定温度，管

芝加哥绿道自助公园（2010 年），由 HOK 事务所设计，在视觉上非常有趣，是一种结合了当地风能和建筑设计的尝试

道通常安置在地下，液体在管道中循环，被大地加热或者冷却，然后被泵入一个交换容器中，在这里把热（或冷）传递给空调系统。

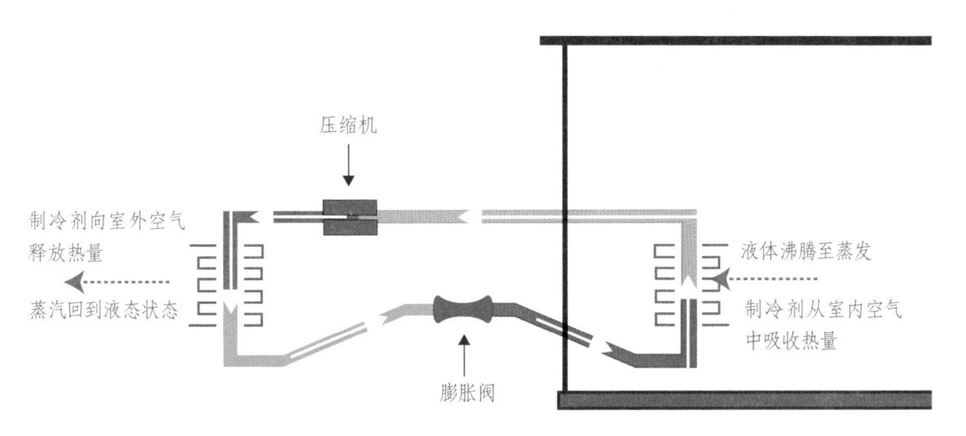

空气源热泵的冷却循环图示，加热循环工作的原理与之相反
（引自：美国能源部能源效率与可再生能源办公室）

最常见的地源热泵系统是水平的或者垂直的封闭管道系统。当可用的土地面积相对于需要加热的建筑体积足够大时，管道通常水平铺设在沟槽中。在更密集的开发项目中，如果没有足够的面积排下水平布局，管道将会被垂直放置。

使用地源热泵有很多的好处，它们比传统的采暖系统需要的电能少，可以提供良好的温度、湿度控制，不占用有用的建筑空间。相比其他系统，它们的活动配件更少，耐久性更好。更重要的是，相比空气源热泵或者其他空调系统，地源热泵不会制造室外噪声。主要的缺点是初期成本投入高，它可能需要相当一段时间，才能以节约的方式回收投资。

一旦这种制冷和采暖源建立起来，就需要一种能量分配体系。传统的送风系统有一些缺点，其中之一是室内空气的温度会分层，因为冷却的空气会下降到底部，热空气则集聚在顶部。这和我们实际需要的情况恰恰相反，特别是在采暖期。在冬天，当热空气上升到屋顶时就会被浪费掉，而且热空气更有可能通过天花板流失，尤其是如果天花板没有隔热或直接位于屋顶下。另外，这种上热下冷的分层，对人来说不是一种很好的取暖方式，不管从舒适度还是生产力的角度，最好还是温暖的脚，冷一些、警觉一些的大脑[6]。

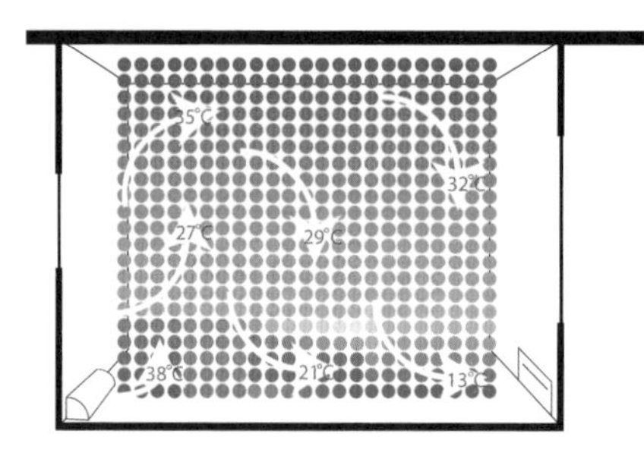

传统供暖系统经常会导致温度分层、不均匀加热和对流（引自：buildinggreen.com）

辐射地板供暖系统可以沿地板均匀地散布热量，形成温和的分层，将热量集中在最需要的地方（引自：buildinggreen.com）

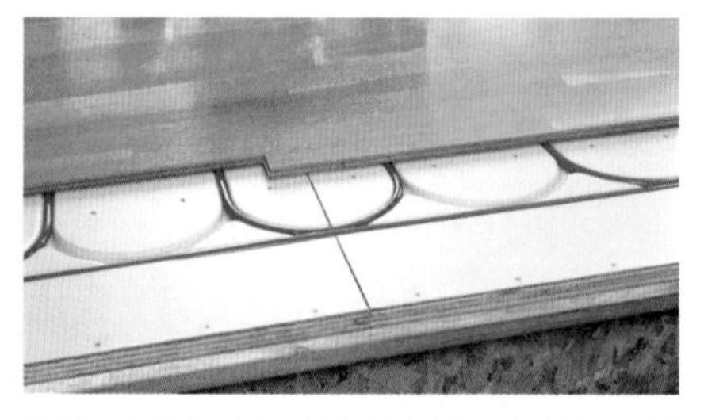
除了在混凝土板中铺设的管道，辐射热地板系统还可以由木板中预设管道来组成

这种理想的取暖方式可以通过辐射散热系统来完成。在一个水媒散热（或是电热）地板中，热水流过地板面层下面排列的水管，热量通过辐射直接传给使用者，而不是通过对流，不需要空气作为媒介。这也是太阳红外线如何在真空的太空中加热地球的。辐射传热减少了空气的流动（流动的空气给人带来冷的感觉，在夏天是有益的，但在冬天就不是了），减少了灰尘和过敏源。尽管是违反直觉的，因为热空气会上升，但是散热器确实可以被安装在天花板上。

散热系统也可以用来制冷。利用散热器制冷的缺点是不能使室内温度达到露点以下，这会引起冷凝，除非对空气进行除湿。一种日渐流行的散布冷气的方法是通过冷却的梁。在这种方法中，冷却水在类似梁一样的天花板结构中循环。它同时利用了辐射制冷和对流：室内空气变暖上升到达天花板，然后被冷水管所冷却，冷却的空气下沉到下部空间。

像之前提到的，夏季炎热的工作日会造成用电高峰，连入电网的光伏系统可以帮助缓解这个问题。热能的储存也可以帮助缓解这个需求的波动循环。策略是使用夜间低谷期便宜的电来制冰或者冷却水，在白天用来冷却建筑。

另一个制冷技术是风冷，如此之直白简单，几乎要算作一个被动式技术了。仅仅运行一个吊扇，就可以有效降低温度2.4~3℃，从而减少空间的制冷能耗。根据佛罗里达太阳能中心的说法，提高空调设定温度1.2℃可以节省14%的制冷能耗[7]。

控制空调系统（以及之前所提到的节能系统）能耗的关键，是设计一个更密闭的围护结构。像被动式住宅等概念，希望能够最小化甚至完全消除机械采暖和制冷的需求。然而，随着气密性较好的建筑而来的问题是缺少新鲜空气。我们面临的挑战是如何在引入新鲜空气的同时不会损耗建筑的节能效率（在“室内环境质量”一章对空气循环已有更深入的讨论）。传统的建筑，有时依赖于通过窗、门和其他途径的气体渗透。问题是这种方法只能按照传统的方式提供新鲜空气，而不是按照我们希望的时间、地点来提供。

我们需要一个系统，可以抽取污浊的空气而不损失它的热学条件（热、冷、湿度或者除湿程度），同时引入新鲜的空气。然而，室外的空气，如果未经处理和控制就直接注入室内，会使空调系统的工作负荷变得更大。解决措施是使用一种空气交换机，也叫热交换通风，或者能量交换机。这些交换机包含热量交换器，可以将所排出空气中我们需要的性质传给进入的新风，而不需要将两种气流混合。陈旧的空气被新风所替换而不需要放弃已经花在上面的采暖或制冷能源。能量交换机更进一步，可以和热量一起传递水蒸气，这对制冷循环来说是很重要的。

热量交换器和能量交换器可以通过多种方式与建筑或者住宅结合：它们可以是独立的系统，接入浴室和厨房的排风口，或者整合进空调系统。热量交换器与能量交换器的比较还没有确定的结论[8]。能量交换器更贵，但是在一些地区它们可以进一步减少空调和除湿的负荷。

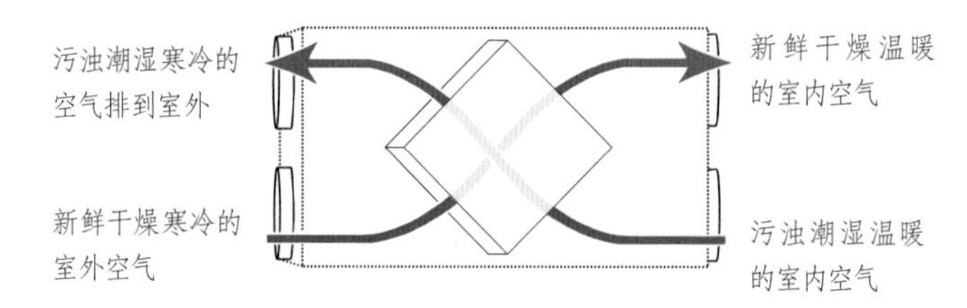

热交换通风系统采暖模式图示，冷却模式循环相反
（引自：iaqsource.com）

热水的效率

生活热水系统（用来加热水管出水，而不是热水空间供暖系统），是另一个重要的耗能部分。一般来说，尤其在住宅中，热水是用燃气或者电水箱来加热的，以便在需要时使用。问题是不管用还是不用，水箱都必须一直保持水的温度。新的水箱有了更好的保温，减少了热量的损失，但还是面临需要加热没有用的热水的问题。

取代的办法是使用即时加热装置（因此称为无水箱热水）。尽管这种装置已经投入使用很多年，但直到最近才在美国流行起来。当需要热水的时候，装置启动，立刻加热水，这样就节省了一直保持所储存热水温度的能量。即时装置有各种尺寸适合单一浴室、多卧室或者整个住宅。与传统热水箱相比，它们的相对效率取决于几个因素，包括装置的尺寸、泵排布的类型、热水需求的频率和数量。

即时装置的另一个显著的优点是其小巧的体型，可以被放入墙上一个很小的凹槽中或者壁橱里。很多系统有防冻保护，所以还可以放在室外。也许，最大的优点是，如果合理设计尺寸，你再也不会在洗澡洗一半的时候就没有热水用了。

需要注意的是，电即时加热装置，需要一定功率的电流供应，因为如此迅速加热水是需要很大功率的。燃气装置更受欢迎，但是缺点是燃气装置需要从外面引入（除非装置本身就设置在室外）。

即使有高效的热水系统，很多热水还是会直接被排入下水道中。一个非常简单的办法是设计一种装置回收这些能量：排水热回收系统，系统包含铜管，缠绕在水盆和浴盆的排水管的外面。热水系统的供水管

（不管有没有水箱）先经过这些铜圈，被排出的洗浴热水先加热。铜圈不能完全地加热热水，然而它们可以提高一点温度，使得热水系统负荷没那么大。

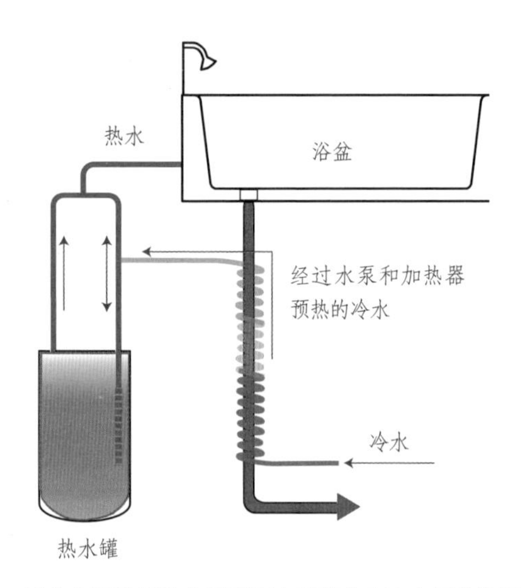

排水热回收系统从排到下水系统的废水中回收热量

照明的效率

自从环境保护运动的“3R”原则出现以来，再没有比紧凑型荧光灯受到更多关注的行动了[9]。尽管紧凑型荧光灯并没有改变整个环境格局的能力，但它是一种有用的、过渡性的技术。让其变得重要的是它产生光的效率非常高。白炽灯是一种更为常见的次级光源，对很多人来说，它更令人愉悦，仅次于太阳光。但是白炽灯采用的技术自从在19世纪末期托马斯·爱迪生发明它们以来就基本没有变过。白炽灯的工作原理基本和烤面包机差不多：给金属丝通电使之发热直到发光。白炽灯泡只能将所耗电能的10%转化为光能，其他的都以热量的形式发散掉。白炽灯和面包机的根本区别是，面包机产热还更高效些。

灯泡的效率，用产生一定量的光需要耗费多少电能来衡量，或者是流明每瓦。注意电能的使用是用瓦来衡量，而不是伏特。我们习惯于用瓦来衡量光源的强度，但是这实际上只是表示灯泡用了多少能量，而不是产生了多少光。不同的光源有不同的效率，这意味着它们产生同样的照度需要的瓦数是不一样的。例如，一个26 W的紧凑型荧光灯，可以产生和一个100 W的白炽灯同样的亮度。这意味着荧光灯的效率是白炽灯效率的4倍。

烤面包机和白炽灯灯泡的金属丝工作原理非常一致，这也解释了灯泡能散发出多余热量

白炽灯泡的效率是10~20流明每瓦（经常处在这个数值范围的较低值），这也符合白炽灯浪费了其消耗电能90%的事实。卤素灯泡，实际上就是加压的白炽灯，效率稍微高一些，效率位于同样数值范围的较高值。紧凑型荧光灯，把这些数字突然提升到了50~60流明每瓦（这解释了为什么一个26 W的荧光灯和一个100 W的白炽灯有着同样的亮度）。

管状或线状的荧光灯，比紧凑型荧光灯的效率还要更高，根据功率和使用年限而不同，范围在60～90 流明每瓦。更老和更厚的T12灯管比较薄的、新的T8和T5灯管的效率要低。

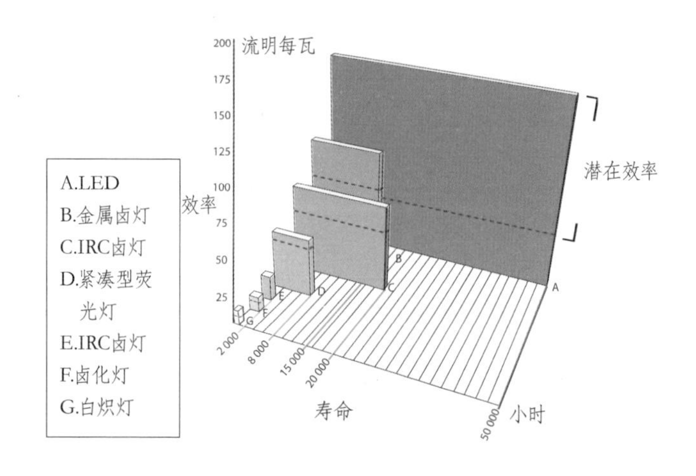

图中展示了生活中主要光源的两个性质：效率和灯泡寿命

其他类型的光源也可用，特别是高强度放电灯。其中有一些有着很高的效率等级，但是它们也有缺点。例如，有的种类（如那些刺目的黄色路灯）色彩还原率很低。另一个问题是启动时间，有的灯泡需要一段时间才能启动并达到完全的亮度。启动时间也是荧光灯的一个小问题。它们也许需要一分钟左右才能达到完全的能量输出，但是它们即时启动后也可以达到一定的足够使用的亮度。金属卤灯需要更长的时间加热，它们作为路灯或者商店仓库中的灯很好，这些地方需要持续的照明，而不适用于间隔性的使用。

紧凑型荧光灯的另一个优点是持久耐用。一个典型的白炽灯可以工作750～2000小时不等，而大多数的紧凑型荧光灯至少可以使用8000

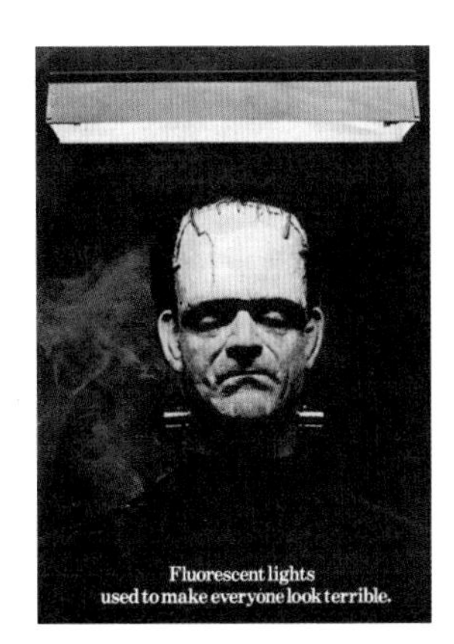

这个1970年的GTE公司广告也许用了标准白色冷光。这个黑色调版本的“永远不再”，也暗示了温暖的白色荧光灯已经解决了荧光灯的光品质问题

小时。这意味着我们不能仅仅比较一个白炽灯和一个荧光灯，而是要比较8个白炽灯和1个荧光灯的费用和电能消耗。我们会发现，花4美元购买一个紧凑型荧光灯还不错，而且这还未算上频繁地更换灯泡的费用。

然而，早期版本的荧光灯比较令人不愉悦，它们嗡嗡叫着、闪烁着，把皮肤照得苍白。早期的荧光灯使用的电磁稳流器，甚至可能导致癫痫发作。但是现在的荧光灯已经有了电子稳流器，更加节能高效，也没有了嗡嗡声和可见的闪烁。色彩还原也有了大幅度的改进，但是对大多数人来说还不够。最近，推出了有着和白炽灯一样色温的荧光灯。

色温

色温不是一个直观的概念。大多数人喜欢暖光，可能使人联想到温暖的感觉，但事实恰恰相反。有一些可以观察色温的办法：气温最高的中午，天空的颜色是蓝色的，而黄昏时，天空由红色和橙色组成，“更温暖的颜色”出现在一天中最冷的时间。同样，火焰最热的部分是蓝色的而不是红色的。

色温用开尔文（K）来衡量，数值计算上等于摄氏度（℃）加上273。所以，0℃等于273K。可见光中，正午太阳光的色温大概是6000K，白炽灯的色温是2700~3300K，一支燃烧的蜡烛的色温大概是1850K。有趣的是，尽管它们看起来比日光要温暖很多，但我们不喜欢的荧光灯的冷白色，它的色温在4000K左右，大多数人更喜欢的白炽灯光，它的色温可能低于3000K。从灯泡中射出来的光的实际温度，对大多数用途来说都太冷了。

但是这不是全部。色温表达了光从灯罩出来时是什么样子的，但是还不能够表达物体在这种光下看起来是什么样子的。为此，我们需要一种叫作色彩还原度的标准，数值从0到100，100评级最高，理论上可以表达出最准确的色彩。白炽灯和日光的色彩还原度都是100。早期的荧光灯相当差，色彩还原度仅在60左右。新型荧光灯的色彩还原度提高到了85接近90，对大多数人来说，这种还原度与白炽灯一样好[10]。

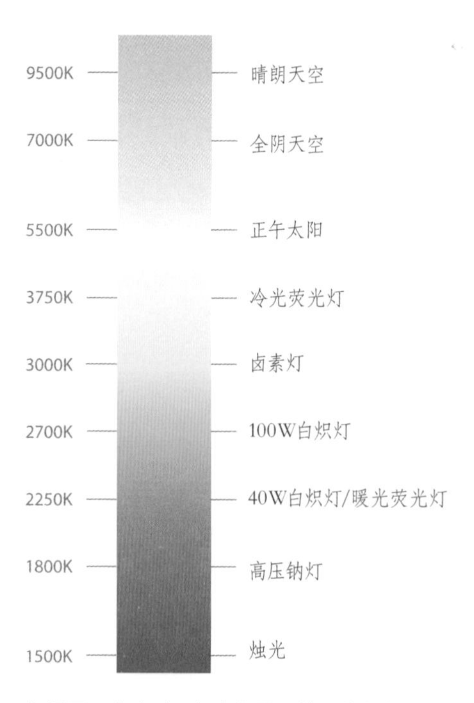

色温用开尔文（K）来衡量，越暖的颜色，实际上色温越低

荧光灯、紧凑型荧光灯和汞

荧光灯有一个很小但是很重要的问题，它们都需要微量的汞，大概每盏灯需要4mg。汞是有毒的，即使是很低浓度的汞，也对人体和其他物种有害。这个问题包含两方面：一盏荧光灯报废后会怎么处理，以及在家或者办公室如果有人打破了荧光灯怎么办。用坏的灯不应当被放进普通的垃圾箱，而应当通过相关的机构来回收，业主可以查看市政设施或者把它们送回指定的零售店，企业通常需要提供回收灯具的服务。对于破碎的灯，美国环保署有着关于清扫和通风的简单但是重要的指导[11]（你并不需要打电话叫来穿着防护服的专家）。

如果没有汞的话，荧光灯将是一个很好的节能手段，汞是它只能作为一种过渡手段的原因。正确看待汞的问题，要衡量汞的危害和其他手段所产生的危害，比如利用燃烧煤炭来发电。在美国，大约50%的电是利用煤炭燃烧而产生的。这个过程产生的余烬，叫作粉煤灰，含有汞。大多数的粉煤灰被送去填埋或者储存在设施中，但最终会进入空气和水中。所以只要大部分电是通过燃烧煤的方式生产的（在可以预计的这段时间内都是这样），电能的使用就会加剧汞污染。根据美国环保署的报告，使用5年白炽灯所消耗的电能，会导致10mg汞的产生。相比之下，紧凑型荧光灯只需要白炽灯四分之一的能量，5年只会产生2.4mg的汞，显然紧凑型荧光灯在这方面是一个更好的选择。然而，这是基于汞不会进入环境中的假设之上，当荧光灯被填埋或被打破时，汞就必然会进入环境中。即使在最坏的情况下，汞的总释放量在6.4mg，也是远小于使用白炽灯所造成的汞的排放量。

紧凑型荧光灯还没有取代白炽灯成为标准的家用灯具，部分原因是消费者不愿意买或者是缺乏了解，还有部分原因是购买荧光灯要比购买白炽灯复杂。你需要检查插座类型、色温及形状(扭转的还是弯管的)。为了简化这些,“能源之星”推出了一种新型的螺口插座,这种螺口不同于传统的旋转型螺口,是一种扭转锁紧的设计,被命名为GU24,所有的紧凑型荧光灯配件都将要使用它。因为这种卡口不能与白炽灯的卡口共用互换,所以不管是有意还是无意,都将不能使用白炽灯来替换。

GU24的紧凑型荧光灯有两种类型:一是集成镇流型,它看起来很像现在用的白炽灯;二是分体型,镇流器和灯具分开。荧光灯的灯具部分可以使用8000小时,但是电子部分——镇流器可能会有更长的寿命,大概40 000小时。有了分体式荧光灯,你可以在灯泡坏掉以后留着镇流器(线型或管型荧光灯没有集成镇流器,它们在灯具的里面或者附近)。尽管有这么多的优点,但是荧光灯还是难以克服与荧光相关的不良印象,除非我们给它换个名字,或者有能力让大家看到荧光灯现在已经变得多么友好[12]。

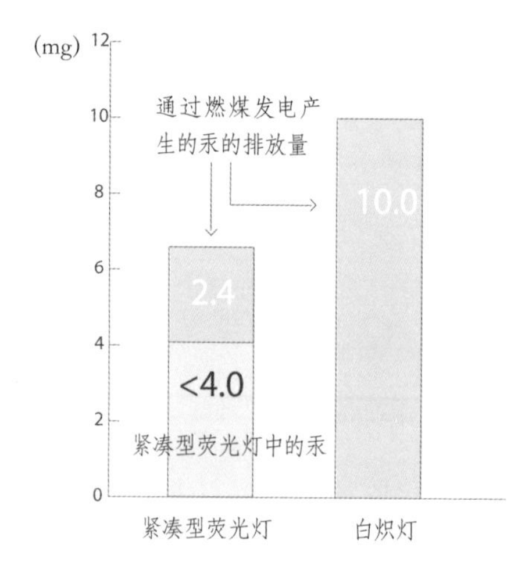

白炽灯所消耗的电能需要燃煤来产生,这个过程所释放的汞,还是比紧凑型荧光灯(在最坏的情况下)所释放的汞要多(引自:美国环保署)

另一个不良的印象与调光有关。早期的白炽灯调光主要是作为控制光量的辅助手段，为了营造氛围，实际上并不节能。随着技术手段的进步，调光器已经可以做到节能（见本章的“光的控制”）。当与白炽灯配套使用的时候，调光器可以减少能量消耗并且延长灯具寿命。但是荧光灯不能像白炽灯一样容易地做到调光，实际上，有些荧光灯根本不可能被调暗。

随着电子镇流器的介入，荧光灯的调光变得容易了一些，但这仍然还是一个困难的问题。尽管有的荧光灯被设计成可以装入标准的调光器，但是很多荧光灯还是需要昂贵的镇流器和与其配套的调光设备。而另一方面，调暗的荧光灯并不能够产生白炽灯调暗时营造的一种浪漫的氛围。荧光灯生产厂家一般会声称他们的灯可以调暗5%~10%，但这是一种误导。从视觉上看，它们的亮度似乎降低了50%。然后，根据设备的不同，如果你试图进一步调暗它们，它们要么关闭，要么闪烁。因此，调光是给荧光灯贴上临时解决方案标签的另一个原因。

通过荧光灯来设计住宅空间是完全可能的。这个阁楼，由大卫·伯格曼事务所设计，只在起居室周边局部使用白炽灯。管装的荧光灯被用来提供大面积照明，部分装饰性照明和隐藏式照明由紧凑型荧光灯来完成

发光二极管

幸运的是，另一种同时克服了汞污染问题和调光问题的方法迅速征服了灯光产业：发光二极管（LED）。它与白炽灯的对比，相当于固定电路板和旧收音机当中的真空管的对比。它有优于白炽灯和荧光灯的几个优点：它们是超级节能的，更准确地说，它们现在和荧光灯一样节能，在将来可能会更高效，预计发光效率可以达到200流明每瓦。这与现在白炽灯的10~20流明每瓦和荧光灯的50~60流明每瓦相比，是一个令人惊叹的数字。LED灯还比其他灯泡的寿命更长。

然而测量一个LED灯的寿命是有点问题的。当一个生产商声称他所生产的白炽灯寿命是1000小时（或者荧光灯8000小时），意味着超过一半的测试灯管将在超过这个时间后不能工作，这是灯具烧坏的平均时间。LED灯烧坏的方式不一样，它们会慢慢损失亮度，直到不能打开，而不是突然烧坏。那么，在什么情况下，LED灯应该被认为是烧坏了，或者强度不够，不能使用了呢?为了解决这个问题，该行业采用了70%的标准门槛，也就是说，一旦LED灯的亮度下降到70%，就会被认为是烧坏了。大多数的厂商声明这将在接近50 000个小时后发生，这大概是荧光灯寿命的6倍，白炽灯寿命的50倍。

LED灯实际上并不是一个新出现的科技，它们已经作为音响和其他设备的指示灯存在了几十年。最近，LED灯被用做交通信号灯，因为它们能耗低，不需要频繁维护。在其他领域也可以发现它们的应用，如电脑显示器。在建筑上，LED灯的主要问题是需要提高白光的质量。科技的进步带来了两种可以产生白光的方法，甚至可以通过LED的设备调整色温（例如在白天的时候）。和荧光灯一样，温暖的白光没有冷的白光有效率。

目前推广LED灯的主要障碍是费用和亮度。LED灯的费用肯定会随着产量的提高和技术的日益平民化而降低。根据摩尔定律，每过几个月就会有输出功率上的提高[13]。随着进一步发展，LED灯打开了照明的新机遇。不但传统的灯具会被更新为LED灯（这已经在发生），而且将出现新的照明类型——那些旧的光源所无法达到的设计。

LED灯可以提供一种节能的替代选择，这是当时荧光灯不能完全处理的。荧光灯在提供漫射光方面效率很高，但是不能提供直射光或者聚焦的光，所以我们依然主要依靠白炽灯和卤素灯来提供直接照明。LED给我们提供了撤换掉几乎所有基于金属丝发光的灯光类型的机会。

但是关于漫射光怎么办？现在正出现另一个完全改变这个领域的技术：有机发光二极管（OLED）。这里的“有机”和“有机食品”中的“有机”意义不一样，你不能吃掉有机发光二极管，它们也不会被生物降解。“有机”在这里指的是OLED灯的内部化学结构，是基于有机化合物，而不是LED中所用的晶体硅。OLED和LED的巨大区别在于前者产生的是片光，而不是点光。这意味着，一旦这两种技术成熟，我们将拥有节能的、没有汞污染的、既有直射光又有漫射光的、可以同时取代白炽灯和荧光灯的新型光源。

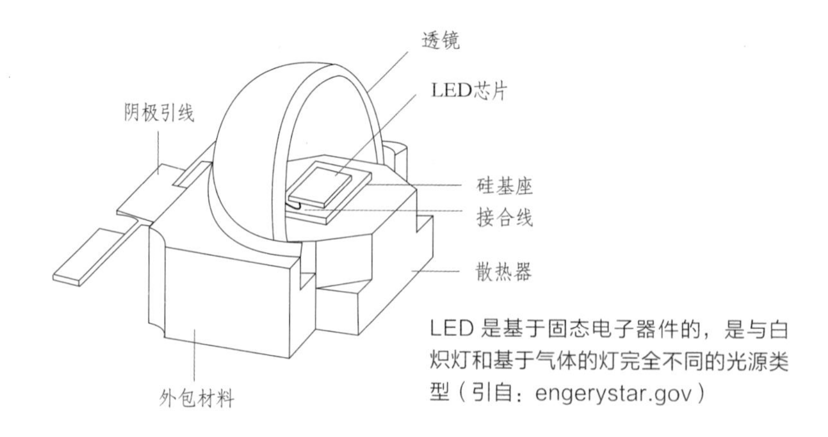

LED是基于固态电子器件的，是与白炽灯和基于气体的灯完全不同的光源类型（引自：engerystar.gov）

LED灯和OLED灯并不是完美的解决方案。它们的生产需要能量，需要各种类型的材料，其中一些是有毒的。它们也存在着使用寿命终止后的处理问题。全寿命周期分析，如在后面章节中所将要讲的那样，需要确定它们到底比白炽灯和荧光灯优秀多少。随着迅速发展的照明技术，新的建筑法规和规范也出现了。2007年的能源独立与安全法案，对灯具的效率提出了新的要求，实际上在2012到2014年间逐步淘汰了绝大多数的白炽灯（欧盟早已经开始了逐步停用）。2020年将会有一套更加严格的标准生效。需要注意的是这不是一个针对白炽灯的禁令，而是针对任何光源低能效灯的禁令。事实上，一些经过改进的卤素灯，看起来像标准的白炽灯，虽然可以满足新的节能要求，但是它们不太可能达到第二阶段的标准。现在，所有主要的灯具厂家都聚焦在LED灯和OLED灯产品的开发上。

组成这三个吊灯的 LED 构件不能安装其他的光源，至少不能这么优雅

OLED 是一种先进的技术，刚刚开始进入灯具设计市场，图示为飞利浦公司设计的一种 LED 吊灯的模型

光的控制

有一种办法可以使白炽灯变得和其他光源一样高效：通过使用调光器和其他控制手段。在大多数情况下，灯光控制不能提高灯具的效率，它们只能减少能量的使用。调光器通过减少正在使用中的灯的瓦数（即降低亮度）来做到这一点，定时器或者其他的感应器通过减少灯具点亮的时间来做到。

手动调光器需要使用者的互动，而且我们不知道人们实际调暗灯光的频率。另一方面，定时器和感应器是可以自己独立工作的。最近几年有了改进后的使用者感应器，即使没有运动也可以探测到人的存在，所以你不用担心灯会突然熄灭，比如，当你躺在浴缸中休息的时候。其他类型的感应器可以探测到一个空间里自然光的多少，从而决定是否在不需要的时候调暗或关掉灯具（实际上，就是采光）。

通过在日光充足的地方使用调暗灯光或者关掉采光设施等手段，这个会议室根据最大化日光照明而设计

局部光源控制可以起到节能和让人们感觉良好的双重作用。可以独立地调节个人工作场所的灯光以节约能量，还可能会提高生产效率和保持员工的身体健康，这将在“室内环境质量”一章中进一步讨论。

住宅整体控制系统的实施，不光因为它们的高科技和酷，而且因为它们可以提供大量节能的机会。从生态的角度来看，奥斯汀电力公司那样花哨的效果（例如可以调暗灯光的按钮或者可以打开吧台的按钮），并没有那么吸引人，还不如让你可以在离开家前站在玄关就能关掉所有的灯和设备。对于生态设计爱好者来说，可以节能的工具，如同可以远程控制的窗帘一样充满诱惑。

随着智能网络的推出，新的设备和其他的节能工具将可以对用电高峰和价格做出反应。例如，洗碗机可以被设定为在电价最低的时候运行。新的为办公室以及家庭设计的监控系统，将让你知道正在使用和已经节省了多少能源。像这样的信息化工具将和高科技技术一样重要，因为它使得人们参与到节能当中。

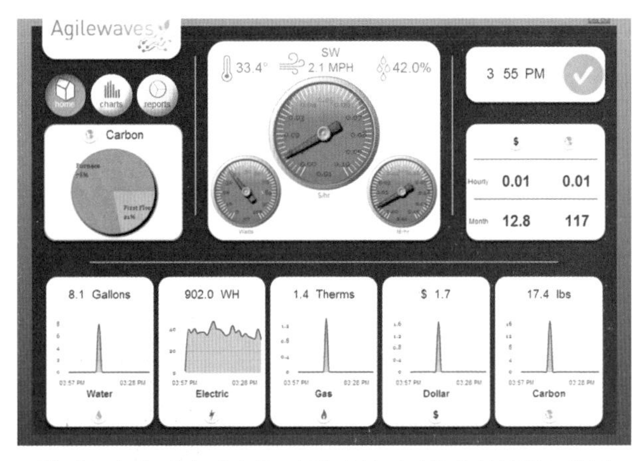

“智能面板”或者“建筑面板”允许对建筑的性能进行监测，包括电、燃气和水的消耗

自然光

我们当然还有另一种光源：太阳。它和电灯相比有几个非常明显的优点和一个明显的缺点。第一个优点是自然光在感觉上让人很愉悦。第二个优点是，至少在适度的情况下，它对你的健康有益。尽管这不是一个严格的标准，但是沃尔玛和一些其他的商店发现，自然光（一般是通过天窗获得）有着很明显的作用——可以提高至少40%的零售额[14]。对办公室工作人员的研究也表明，在采用自然光照明的空间中，工作效率可以得到显著的提高[15]。第三个优点是自然光是完全免费的。它的缺点就是在夜间没有。

有很多方法可以利用自然光，窗户和天窗是最直接的。充分利用自然光的一个方法，是设计尽可能浅的进深尺寸，使所有的空间都靠近窗户。从窗户进入的自然光还可以通过反射的方式被最大化利用，使得光线进入建筑更深处的地方。最常见的设施是反光板，一个浅色的水平挡板设置在接近窗顶部的位置，将光线反射到房间深处。反光板还可以起到遮光板或遮阳百叶的作用，在夏季防止房间得热过多。

另一种工具，有采光管、太阳能管或管状天窗等不同名称，是一种

窗户上部放置的光栅隔板可以将日光反射到天花板上，为内部空间提供照明

从屋顶开口处将阳光传到下部空间或其他阳光无法到达的地方的管道。光纤，一种光可以通过微细的玻璃或塑料纤维，也可以将阳光送到建筑内部。光纤可以用于任何光源，但是作为一种生态设计手段，初始是用来在室外收集自然光并运送到室内的。光纤照明有几个优点：用来照明的一端不会产生热量，不需要依赖电能（如果自然光作为光源），紫外线不会被传输，而且它很少需要维护。

反光板、天窗、浅色材料和太阳能管等的使用，将自然光引入建筑更深的地方，减少了电灯的使用，特别是结合自然光感应器时，有利于捕获自然光。有什么比使用一种现成的、可再生的、免费的光源来替代化石能源更可持续的呢！

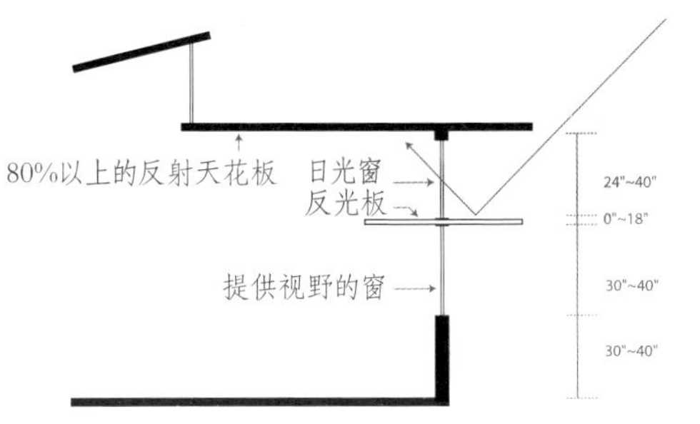

反光板可以是室内的、室外的，或者是两者都有，可以兼遮阳措施。天窗也可以将光带入更深处的空间

屋顶或者立面上的收集器可以收集光线进入光纤管，并导入需要照明的地方

能耗模拟

了解节能手段发展到什么程度的唯一作用，是为了预测究竟能够节省多少费用和能源[16]。能量模拟是实现这一点最好的办法。多亏建筑信息模型（BIM）的发展，这些曾经复杂而繁琐的过程，现在对设计师来说越来越容易。

能量模拟的总体前提是根据设计来预测能量的消耗，然后根据这些信息来改进设计。大多数的软件通过输入基本项目数据来开始（比如地点和功能），然后需要你在程序中建模或者允许你可以使用已建好的模型。例如，谷歌 Sketchup插件可以评价你在Sketchup中建的模型，Autodesk公司有个软件叫Ecotect Analysis，可以模拟在BIM或其他程序中所建模型的能耗。根据程序的复杂程度，模型可能是相对简单或者是相对完整的表达。

尽管能量效率非常重要，但这只能被当作生态设计标准的其中之一。结构的设计也必须要整体考虑：建筑应当被视为一个系统，同时考虑到其他的环境和社会标准。下一章将会通过检查建筑如何影响使用者来讨论一些评价体系。

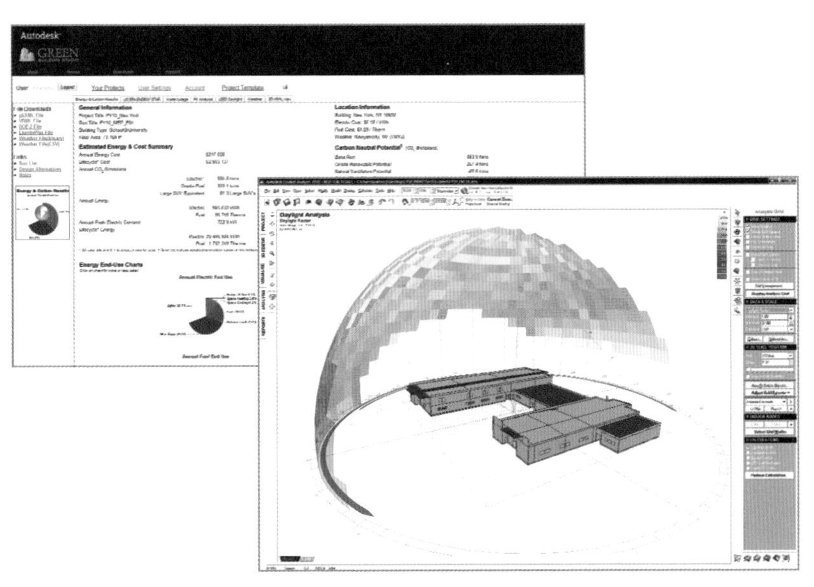

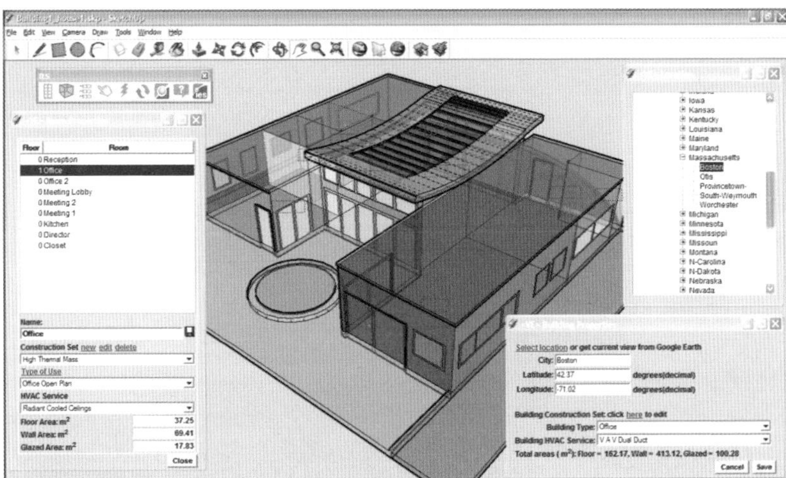

Autodesk 公司的 Ecotect Analysis 软件截图，以及整合环境措施的谷歌 Sketchup 插件截图

开放式遮阳屋顶 光伏太阳能板 遮阳屋顶花园 风锥 电梯 综合工作站

带有遮阳的街道 地下步行联系 总部办公空间 花园中庭 地面大堂/零售空间 高性能外墙 地铁

位于阿联酋首都阿布扎比郊外的马斯达尔总部建筑，由艾德里安·史密斯和戈登·吉尔事务所设计，结合了被动式能源效率和主动式能源效率

第六章 室内环境质量

在20世纪六七十年代的环境运动中，公众的注意力主要集中在可见的污染上，这导致了1963年清洁空气法案和1972年的清洁水法案的产生。这对空气和水的质量都产生了重大的影响，而且，使我们对于污染物的态度产生了重大的转变。这为政治和公众都接受环境主义奠定了基础。

然而，这项立法没有解决的，是建筑内部的空气质量问题。这在建筑围护结构不那么密封，室外空气与室内空气能自由交换时，显得没那么重要。在过去，建筑对于室内空气质量（IAQ）采取不作为的方式，不经意地符合了那条古老的（但是不够充分的）谚语："污染的解决办法是稀释"。新鲜空气通过门窗的缝隙和保温不充分的墙和屋顶，大量地渗透进入室内。当代的节能建造方法和产品，急剧地减少了空气渗透，从而使得控制下的通风变得很有必要。

通风量通常用一个空间中的空气多久被新鲜空气所更换来衡量，单位是每小时换气量（ACH）。换气量不足，导致空气"陈旧"，即使没有两个常见的污染元素的存在，也可以造成健康问题。一个常见的元素是现在室内空间的面层、接缝、面砖、清洁剂和其他材料中越来越多的人造的或有毒的材料。这些化学物质与细菌、真菌、灰尘等物质产生协同作用，在通风不良的房间里累积，形成一种化学混合物。美国国家职业安全与健康学会在20世纪90年代的研究发现，24%的室内空气质量问题可以归咎于这种混合的原因[1]。

一般来说，典型的美国人一生中90%的时间都在室内度过。这种与工业革命之前所不同的生活方式揭示出，提高室外的空气质量很重要，但是对人类的健康来说，提高室内空气的质量更重要。

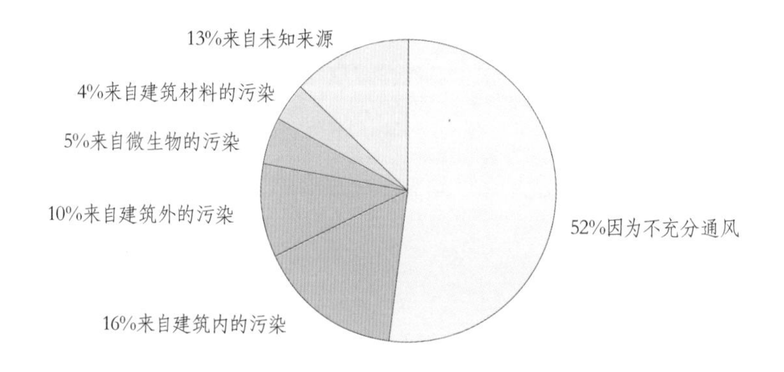

室内空气污染物的来源（引自：美国职业安全与健康管理局）

这些因素有的时候会导致一种叫作病态建筑综合征的病症，在这里，使用者感觉到健康和舒适受到的影响，似乎与在建筑中所处的时间有关系，但是查不到具体的疾病或者原因[2]。在一些案例中，为了消除这些原因，建筑物被完全摧毁。很多专家也怀疑，对多种化学物质的过敏及人们变得对环境因素异常敏感的情况，也是由于接触了这种化学混合物引起的。

室内空气质量对健康的影响不是主观上的，也不仅仅是为了感觉更好。还有很严重的以医疗账单、旷工时间和也许是最常见的工作效率低下等形式表现出来的经济上的损失，在美国，每年这种损失高达60亿美元[3]。

室内空气质量由室内空气污染物所决定，还有一些额外的原因也和建筑使用者的健康有关，包括光、热舒适及与自然的接触。结合室内空气质量，这些因素一起形成了室内环境质量（IEQ）这个更广泛的题目。再一次强调，这不仅仅是为了感觉更好，它们是有着实际的、可量化的影响。例如，学生在光线充足、能提供室外视野的教室中学习，效率更高；制造业在光照良好和使用自然光的工厂中产品瑕疵率会降低；在一个员工身体更健康，可以控制工作环境的条件下，人员流动频率（一项重要的业务支出）会降低。

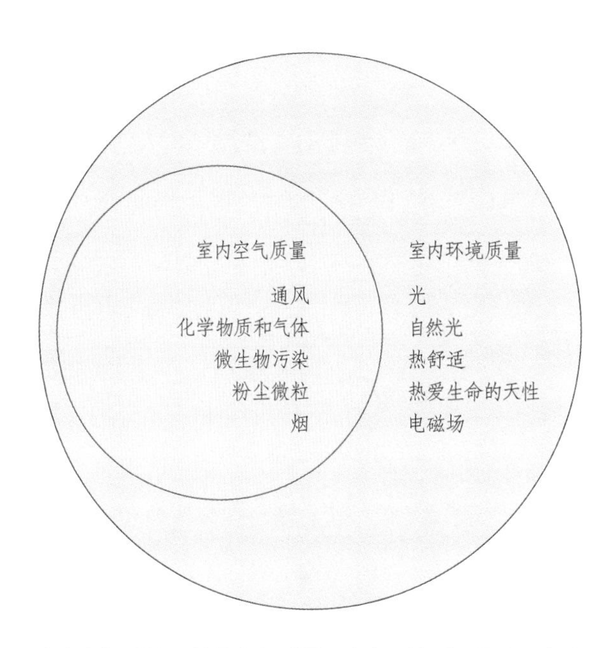

室内空气质量只关注空气质量，室内环境质量关注所有会影响使用者健康的因素

室内有毒物质

医学上的箴言“首先，停止伤害”很容易类比于建筑中。如果作为设计师首要的责任是保证使用者的安全，那么我们就很有理由不要使用具有伤害性的材料。在现代这个充满了化学物质的世界，合成的和天然的可能会伤害人的物质太多了，包括石棉、甲醛、铅、汞、聚氯乙烯（PVC）、挥发性有机化合物（VOCs）、氡、粉尘、病毒、细菌和真菌等。其中一些，例如粉尘和人类造成的其他污染物，是不可避免的，补救方法是通风、过滤和尽量减少使用会吸入这些物质的材料，如地毯。其他的一些可以通过在项目中不要使用它们而避免。在大多数发达国家，石棉和铅已经被禁止使用或限制使用。挥发性有机化合物通常可以在涂料、胶粘剂和地板面层中找到，可以通过使用低挥发和无挥发性有机化合物的产品来降低其含量。聚氯乙烯（通常被称为乙烯）更具有争议性，因为乙烯生产工厂声称这是一种安全的、对环境友好的替代材料。与此同时，环保主义者认为它的生产过程危害工厂工人的健康，燃烧时释放致命的二噁英（一种无色无味、毒性严重的脂溶性物质），被填埋时还会滤出有毒的添加剂。

石棉和铅等固体物质在分解成为可吸入或可摄入的碎片时是有害的。其他的化学物质，例如挥发性有机化合物，在气化过程中被释放。有些挥发得相当快，这意味着使用它们的一个方法是在居住前通风放置足够长的时间，有时可以加热以加快这个过程。当然，另一个更好的办法，是根本不要使用这些材料。

在衡量一种材料的相对毒性时，有一个很好的办法是使用材料安全数据表（MSDS）。美国劳工部职业安全和健康管理局（OSHA）要求制造商必须公布其产品包含的已知有害成分的数据表。问题在于“已知”

这个词，如果伤害还没有被认识到或者没有被官方认定，就不会被要求提交数据表。

在以预防为首要原则的欧洲就不是这种情况。在美国，如果没有充分的证据，环境方面的法规通常不能出台。而在欧洲，举证的责任则与此相反：在没有科学的结论时，采取一种减弱危机的预防手段，在结论性证据出现之前，宁愿选择更稳妥安全的做法。欧洲的标准倾向于安全，而美国的做法倾向于商业——尽管可靠性悬而未决并不利于长远的商业利益。这种分歧在环境的其他领域也有所表现，包括气候变化、材料的安全性和食品安全[4]。仅仅因为美国的政策倾向于观望，并不意味着我们在设计中也要这样思考。如果一个事物可能会引起问题或危险，就尽量去避免它，难道不是更有道理么？即使你不一定会遭遇火灾，但是也会办理火灾保险，这是常识。把预防原则视为保险或者更好一点，但也仅仅是更好的商业手段而已。如果石棉法规早一点以一种预防性的方式实施，不仅可以挽救生命，而且相关公司也不会因为诉讼的压力而被迫停业。

清除黏合剂、油漆、橱柜和地板饰面等产品中的有毒化学物质是解决室内空气质量问题的主要步骤之一

热舒适

我们对于在家里或办公室中，一个人抱怨很冷的同时另一个人却觉得热这种情况都很熟悉。这不但会引起是否采暖的辩论，还会引起身体上的不适、情绪低落、工作效率低下。在办公室中，一个解决方案是提供局部热量控制。有些空调系统更具有灵活性，其中一种最为灵活的系统是地板送风系统（UFAD），在这个系统中，加热或冷却的空气在架空的地板中输送，紧挨着电线和网线。因为这种系统的送风孔在局部的地板层，而不是天花板，所以使用者可以很容易地接触和控制它们。地板送风系统另外一个优点是气流更接近所需要的地方（而不是从天花板向下或从房间的四周排放），而且因为操作的灵活性和便利性，可以在需要的时候更容易地改变或者重新布置空间。越局部化的气流，其引起的不舒适度就越小，同时也减少了污染物和过敏原的流动。

对窗的处理措施也很有作用。合理利用窗，可以明显地提高建筑利用被动太阳能的属性。与室内环境质量更相关的是它

图示比较了传统的空调送风系统（左）和地板送风系统（右）

地板送风系统的格栅可以被办公室中的使用者轻松接触到，以用来调整他们所处的微环境

们可以减少眩光，在保留景观视野的同时防止过分得热。室外景观尽管和热舒适无关，但在室内环境质量中也有着很重要的作用，是我们联系自然界的一个元素。

热爱生命的天性

环境主义经常被错误地描述为一种“回到自然”的运动。可持续设计一直在与“可持续需要一种完全超脱的禁欲苦行和与自然的交流（就像亨利·戴维·梭罗在瓦尔登湖那种简朴的生活实验）”这样一种历史遗留下来的错误假设做斗争。相反，生态足迹分析显示，集约型的城市生活实际上对土地的影响比直接靠土地生活要小。

生物学家爱德华·威尔逊的“热爱生命是人类天性”的理论，似乎看起来和城市主义相反。他指出，我们具有和其他生命系统紧密联系的天性或潜意识，离开了自然我们无法做到最好的自己[5]。作为一个城市人，我经常会怀疑这是不是真的。城市是不是自然的产物？你可以在沥青丛林中与自然紧密联系么？我认为每个人都是不同的，我们与自然的联系是非常个人化的，有的人觉得城市令人窒息，另一些人可能更像是伊娃·嘉宝在20世纪60年代的电视剧《绿色田野》中扮演的角色。

尽管是城市人，但是热爱生命的天性是真实存在的。小狗可以抚慰处在紧张情绪中的人类；床位旁边如果有可以看到自然景观的窗户，病人会恢复得更快。反过来也可以成立，景观庭院和一些打破了室内室外空间隔离的元素，对我们的健康是有益的。

一种热爱生命的天性的设施，最近由艾米利奥·安倍兹设计完成的守护天使（Guardian Angel）医院，结合了种植植物的庭院来帮助病人康复

空气过滤

室内景观的作用是否可以超越热爱生命的天性，提高精神上的健康呢？例如，室内植物是否可以真的净化空气？美国国家航空航天局进行了一项研究，研究植物在空间站中是否可以协助净化空气，他们得到的结论是，植物确实可以起到这个作用。有的植物比其他植物更具有过滤作用，然而要对室内空气质量起到明显的作用，将需要大量的植物，而且还存在室内植物或它的土壤是否会引起过敏等负面影响。

这种权衡强调了可持续设计的一个重要事实：事物会有很多种表达形式，不存在一个完美的答案。不存在完美的绿色设计，除非是压根没有建筑，这当然不是一个选项。这听起来很像失败主义者的观点，而且和我之前说的关于“不那么坏”的策略是不够好的观点相矛盾，但现实是，我们在每个决策中都要进行权衡，同时努力追求绿荫所能覆盖的最大面积。

室内环境质量变得与人们的健康和感觉息息相关。它可以是主观的、个人的，所以要强调空调和照明系统的局部可调整性。允许人们来调整他们所处的环境，不仅可以增加舒适度，还提供了一种个人控制感。然而，在创造密封、环境可控的室内空间和提供充足的新鲜空气之间，一直存在着争议。根据建筑的功能和使用者的不同，换气机也许是足够的，但是它所提供的空气仅仅是能够和室外环境所提供的一样。当与室内的污染物混合后，空气需要处理，而这已经超出了美国国家航空航天局所阐述的植物的处理能力。在这些情况下，需要过滤系统。对于特定物质（如粉尘、烟、花粉、动物毛屑、真菌、病毒和细菌等）的过滤，最常见的方法是机械过滤，实际上相当于一种筛网。它们有最低效率值，范围从1到20，等级越高越好，意味着筛网可以过滤出更小的微粒。高效粒子空气过滤机的有效值超过16。其他类型的过滤器通过活性炭等方法除去气态污染物（例如汽车尾气、清洁剂残留、面层材料等），但是它们的应用比较少，尤其是在住宅中。

之前的几章通过讨论减少水和能源的使用来节省费用和减少我们对生态系统的需求。实际上，这几章的内容强调了三个原则中的两个方面：地球和经济。然而，室内环境质量，强调了三个原则中的另一点：人。三个原则，如在维恩图中描述的那样，是经常重叠的。强调“人”这条原则，正如我所指出的，可以提高经济上的水平，不论是对商业还是对家庭。

植物和室内环境质量

对去除甲醛、苯和一氧化碳较有效的11种植物
棕竹
万年青
英国常春藤
非洲菊
螺纹铁
千年木
金心巴西铁
虎尾兰
金钱橘
白鹤芋
银线龙血树

注：一项美国国家航空航天局的研究表明，这些植物对于室内空气净化有着较高的潜力。

第七章 材料

在讨论过节能之后，或许与生态设计最密切相关的主题就是再利用，即一座建筑或是一件产品是由回收材料制成的。再利用作为"3R"原则之一，在环境保护论盛行之初就受到了极大的关注，当然今天它也依然是可持续发展的重要原则之一。然而，再利用只是环境选择材料的一种考量。

人类的建造活动消耗掉了地球大量的自然资源，数量之多令人震惊。更令人不安的是，大部分的自然资源竟然作为建筑垃圾被扔掉了，有的甚至从未被使用过[1]。这个问题和短命的建筑物、世界性的人口增长以及新型经济体的迅速发展等结合在一起，促使我们从更近的视角仔细地审视一下我们所选择的材料以及我们是如何使用这些材料的。

大部分的讨论将集中在我们的材料选择对生态系统的影响：即在地球有限、封闭的承载力之内，我们如何可持续地利用材料，如何降低材料利用过程中的能耗以及如何物尽其用减少浪费。但是，关于材料的讨论可能首先应从健康的角度出发，要避免材料的毒性对人类和生态系统造成伤害。一些材料对室内空气质量的影响已经得到了充分的论证，此外，人们还应该对原材料获得、加工制造以及废弃后所产生的危险进行必要的评估，例如，石棉对采矿者、生产制造者与房屋的使用者同样都会造成危害；又如PVC材料在生产中、老化后与其在安装过程中可能产生的污染同样具有争议性；再比如清理破损日光灯的过程或者在垃圾填埋场不当地处理这些废物时都可能造成汞污染，但实际上更严重的汞污染早在燃煤发电的过程中就产生了，而大量的电力又被用做提取、生产和制造材料。

这些事实反复强调在材料的全生命周期——从获取、利用到废弃和回收过程中，其对环境产生的影响是具有重大意义的。

一个185 m^2住宅的典型建筑废料

材料	重量(kg)
固体废木料	726
工程木料	635
清水墙	907
纸板	272
金属	68
聚乙烯（PVC）	68
砖石材料	454
容器（盛放油漆、填隙材料等）	23
其他	476
总计	3629

注：1 假定典型住宅有一个石材的前立面和三个聚乙烯基的侧墙。
2 表中列出了一个典型住宅建设场地产生的建筑废料（引自：美国国家住宅建筑商协会）。

减物质化

一种看待材料的方式是看消耗，这也关系到前文提到的“3R”原则之一的减少。减少建筑物中材料的使用量可以通过提高建造效率或者通过设计改善材料的使用率来实现，甚至可以建造更小型的建筑空间来达到这一目的，正如“场地问题”一章中讨论的那样。减少材料使用的结果就被称为减物质化，就是工业设计中所说的轻量化。

近年来，装配式建筑作为一种更高效快捷的建造方法受到了广泛的关注，相对于传统的现场施工，这种在封闭的受控状态下生产预制建筑构件的方式有不少的优点。随着时间的推移，人们对装配式建筑的兴趣也经历了跌宕起伏。在20世纪的前半叶，西尔斯的“菜单住宅”以及福勒的“未来超轻房屋”将装配式建筑首次引入了公众的视野。时至今日，建筑师们再次将绿色的预制建筑推广开来。然而，这种兴奋却被现实情况拖了后腿，部分是因为人们期望装配式建筑同样具有造价上的优势，但当他们最终发现事实并非如此时又转而放弃了这种想法。

异地的生产建造确实有不少好处。既然除了地基之外的一切构件都可以在室内的生产车间中完成，那么材料就不再受制于恶劣天气，也降低了被偷盗的风险，同时废物的回收也更加简单易行。在装配线上，材料可以得到更高效的利用，质量也会得到更严格的控制。然而，也存在一些疑问，那就是以上好处是否会被长途运输组装好的建筑所抵消。不一定是运输过程中产生碳排放的问题，在传统的建造方式中，也需要将原材料运到施工现场，所以两者在这方面的差别可能微乎其微。运输这些组装体通常需要附加的保护和加固，所以当建筑在基地里被拆封之后，可能会产生一些包装废料，这些废弃物有时会折减工厂组装所提高的那部分效率。

装配式建筑已经经历了几个流行的轮回以及经济上的成功：西尔斯的“菜单住宅”（上）和巴克敏斯特·福勒的“未来超轻房屋”（下，1946 年）

沙漠之家（2005 年）位于加利福尼亚沙漠温泉地区，由马莫尔·瑞德兹纳设计，是一个典型的装配式建筑

由加里森（Garrison）建筑事务所设计的库柏木屋（2009 年），是一个现代装配式建筑的例子（正在工厂中展示）

相比将组装好的建筑整体运输到基地而言，先预制部分建筑构件，然后在现场组装是一种更实用的方法。这通常被称做模块化结构，“菜单住宅”和“超轻房屋”就是这种概念的例证。结构保温板（SIPs），一种木结构建筑中常用的预制构件，能够提升建筑的节能特性，它也属于这一范畴。结构保温板是“三明治”结构的，中心的泡沫材料被外层的复合木质面板所包裹，这种复合木板也被称为刨花板。这种板材在工厂按精确的尺寸预制，然后在现场从建筑外立面开始组装。因为在运输过程中，板材都是平叠放在一起，相比组装整体结构，不需要太多的包装，从而更省空间。从建筑热工的角度看，这种建筑外围护结构也比传统的框架结构有更好的保温隔热性能，因为结构保温板气密性佳且不存在热桥（能将热量从室外传导到室内的木墙壁壁骨）。

框架也可以减物质化。有一种叫作改良框架的技术，减少了框架所需的木材用量。在改良框架中，2×6的壁骨被2×4的框架所取代，中心间距也从4.8 m增大到了7.3 m。这种技术不仅节省了劳动力，也增强了围护结构的保温性能（更宽的空隙被更多保温材料填满，从而减少了热桥）。改良框架还采用了其他的节能构造，例如角柱由三个变为两个并有序排列，从而减少金属板和接头的用量。尺寸的优化是改良框架的基本原则，基于预切割和现成尺寸的设计，能大大减少切割过程中木材的损耗。这种技术至少能降低20%的框架材料用量。

结构保温板不但有热学上的优势，而且有运输上的优点

传统框架房屋的热成像图可以清晰地显示出每一个柱子，显示了热桥的存在。由于没有柱子，结构保温板传热更少

这是EHDD公司设计的框架模型，展示了这种框架技术（也叫作优化价值工程学）可以减少25%的木材使用

其他形式的减物质化会涉及设计和建构的概念。有些形式是非常显而易见的，是非常规设计的结果，也有可能不是那么明显的，是通过构架来体现的。福勒设计的穹顶给我们提供了早期的例证，它最大限度地发挥了材料的效率来创造一个无内部结构的空间。福斯特事务所设计的赫斯特大厦（2006年）是另外一个例子，暴露在外的三角形网格不仅是出于美学考虑，相较于一般的钢框架结构，它减少了20%的结构用钢量（约2000 t）。

福斯特设计的赫斯特大厦（2006 年），不规则的形状比传统钢结构塔楼少用了 20% 的钢材

可回收材料

除了减少材料用量，再利用通常是生态建筑的最好选择。这是非常明显的，如果材料是现成的（已经被使用过的）我们就不必重新通过开采、种植或者制作来获得它。另一个好处在于，再利用也可以将材料从废弃物中剥离出来。这是一种“宇宙飞船地球”式的理念，与其扔掉垃圾重新制造，不如就用我们现在所拥有的东西。

有些类型的回收材料是很受欢迎的，例如宽条木地板和旧的硬件设备，但二手材料往往被误认为是不光彩的。我们的文化培养了一种“新即是好”的观念，并倾向于避免使用别人用过的东西。但是环保宗旨、节省造价和美学因素的综合作用正在不断激励和增加回收材料的需求（想想看废旧材料已经变得多么流行）。一些慈善机构和营利机构如雨后春笋般涌现出来，接受捐赠（可节省处理费用）或收购旧的建筑材料，包括木材、窗户、橱柜、电器等。而且有诸如“Craigslist”这样的网站来充当中间人，在材料捐赠方或出售方和需求方之间建立纽带。

在改造项目中，回收材料可以直接循环利用而不是被拆除扔掉，重新使用材料对于降低造价和环保方面都有益处。你可以继续使用你的木地板，也可以利用之前的各种设备（如果它们是节能型或者节水型的话），或者可以将旧的橱柜改造成一组储物柜。

再生材料

与回收材料不同，再生材料是经过处理后被用做他用。处理的过程通常涉及运输和能源消耗，这也解释了为什么再利用是最好的回收（谨记“3R”原则的顺序是减少，再利用，最后是再生）。

有些事实是需要澄清的，首先，声称一种材料是可再生的，并不是说它本身就是再生材料，可再生材料是指这种材料具有回收再利用的价值，并能够从垃圾中分离出来被制成再生材料。而再生材料，就是这种处理过程的产物。理想状态下，一种材料应该具备这两种特质。

再生材料有两种来源，一种是用使用过的材料循环再生新材料，称为已消费材料；另一种是用工业废料等制成新材料，称为未消费材料。在“能源效率：被动式技术”一章中提到过的再生牛仔布保温材料，就是这两种来源很容易被混淆的绝佳例证。直到现在，大部分的保温隔热材料都并不是用穿过的牛仔服制成的，而是取材于制衣工厂的边角废料[2]。但这其中的概念含混并不影响它在绿色环保方面的表现，两种方式均能节省材料并减少垃圾的产生。

自1916年起，霍莫索特（Homasote）板材一直用回收的新闻纸制作

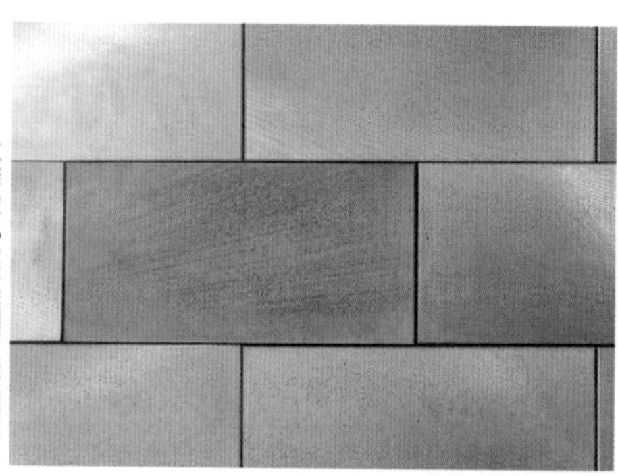

这些铝板砖100%是用从航天器零件中回收的铝材原料制作的

大部分的再生过程会导致材料在质和量上的损耗。例如，每当纸张被回收再生一次，纤维都会变短，制成品的质量也会随之下降。因此，从技术上讲，纸张不是被循环再生了，而是降档循环了。另一方面，金属铝在循环过程中的损耗就会小很多。增值循环可以提升材料价值，但这样的例子少之又少，而且这个定义也有点棘手。比如，如果一个塑料瓶被粉碎然后循环再生成了一件化纤外套，这是不是可以被看作为增值循环呢？抑或实际上是降档循环，因为塑料本身被降解而且变得不可再生了？如果我们使用后者的标准，考虑材料的流动而不是材料所制成的产品的话，增值循环是不存在的，因为它违背了热力学定律，但是产品是能够实现这种升级改造的。事实上，绝大多数的产品，不论它是否由再生材料制成，都比其构成材料具有更高的价值（否则就不值得被生产制造出来）。

在指定产品的增值循环中，我们也需要区别增值循环和增值使用。一件用废弃材料制成的产品能使材料发挥更高的价值，但这实际是属于增值使用而非增值循环，因为材料并没有经过特殊再加工。从生态学和物质能量流动的角度看，这里真正的问题并不在于新产品是否获得了更高的价值，而在于材料是否在最少的资源和能量流动的回路里循环再生[3]。

还有两个问题值得注意，首先，了解再生材料的百分比是十分重要的。仅含有少量再生成分的材料也可以标榜自己是再生材料，所以百分比自然是越高越好，否则，极小的含量可能根本无关紧要甚至误导使用。如果材料未标明再生成分的比例，要询问清楚。

另一种复杂的情况是，当一种再生材料糅合进复合物（例如树脂）后，就很难甚至不可能再将这种材料提取出来再次循环。因此，当再生成分处于这种复合物中时，它就失去了可再生性。

回收玻璃瓶可以用来制造其他的产品，如厨房台面

内含能量

金属铝的再生率高的另一个原因，在于其在循环过程中消耗的能量（即造价）比制造原生材料（或基础材料）低得多，甚至会少95%。制造某种东西的过程中所消耗的能量被称为内含能量，是指产品上游加工、制造、运输等环节消耗的总能量。材料的内含能量也是判断其绿色程度的重要标志。木材的内含能量就非常低，这是因为大自然已经为我们做了大部分工作。我们需要做的仅剩切割、运输以及打磨。相比之下，原生金属铝的内含能量则是完全不同的数量级。开采、精炼、冶炼、制造以及伴随着每个过程的运输，使它成为能量最密集的材料之一。

相较于金属等能量密集型的材料，石油基塑料的内含能量要低得多，但这是没有将石油作为原材料考虑在内的情况。虽然混凝土的内含能量也比较低，但标准混凝土混合物中的波特兰水泥却在生产中消耗了大量的热能。幸运的是，我们还有粉煤灰这种优秀的替代品来减少部分水泥用量。在“能源效率：主动式技术”一章中已经介绍过，粉煤灰是煤炭燃烧的残留物。美国50%的发电依靠燃煤发电，其产生的大量粉煤灰也带来了废物处理问题。用一种零内含能量的材料替代高内含能材料，还能一并解决废弃物问题，这是

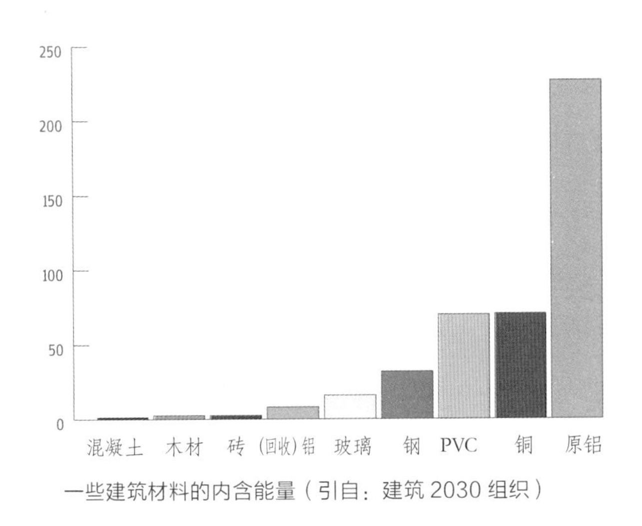

一些建筑材料的内含能量（引自：建筑 2030 组织）

一种双赢的局面。混凝土中40%的水泥可以被粉煤灰取代，既然混凝土的绝大部分能量都取决于水泥，这样做的结果是混凝土的内含能量降低了近40%。不仅如此，粉煤灰混凝土的强度实际上还要更高一些。此外，粉煤灰中含有少量汞，一旦被当作废弃物处理，汞就会随之进入我们的生态系统（更坏的情况如2008年的美国田纳西粉煤灰泄漏事故）。但是，当被用在混凝土中时，汞元素就丧失了其活性[4]。

在经济全球化背景下，许多材料从开采地到加工地，再到建设地都要经过长途跋涉，这个过程中的燃油消耗是材料内含能量的重要组成部分（还不包括由此引发的空气污染和温室气体排放问题）。一种显而易见的解决方案，是购买本地生产和加工的材料，但这并不一定是简单可行的。曾经，地域性的建筑被当地所产的石头和木材赋予了独特的个性，但那是受制于运输条件和造价的不得已而为之。虽然石头仍在本地开采（如果还有足够存量的话），但是它们可能被运往外地切割和抛光，所以已经很难界定哪些是采购本地原材料了。

可更新材料

石材资源开采的事实表明，有些材料是可再生的，而另一些则不是。更准确地说，有些材料比其他材料更容易再生。即使是石油也是可再生的，尽管速度很慢（考虑到许多冰川正在消退的速度，这可能是一个不幸的描述）。问题是，我们消耗石油的速度远远高于地球生产石油的速度。

在地球是一个可持续的宇宙飞船的设定中，我们消耗任何物质的速度都不应当比自然或者我们自己所能创造它们的速度快。我们不能制造石油和大理石，但是我们确实有可以种植材料，或者使用可种植的材料制成的材料。它们被统称为生物质能材料，范围从树木到棉花，再到生物塑料等。

生物质能材料也不是完全没有生态问题：它们可能被过度收割，用化学材料辅助生长，消耗过多地下水或者与食物的生产竞争。真正绿色的可更新材料，应当是可持续地收割，有机种植，利用当地土生土长的物种，不以牺牲粮食作物为代价来种植。

竹子是一个很好的案例。它不仅仅是可更新的，而且不像大多数的树木需要几年来生长，它的更新速度非常快。然而，因为对竹子的需求增长得非常快，已经超过了可持续收割所能达到的量，进而正有森林被砍伐来种植竹子。单一种类的种植园不是一种可持续的生态系统，它们根除了自然的系统，将野生动物赶出系统或者杀死，将平衡的生态系统换成工业化的农耕

竹子是一种可以快速更新并且非常强大的材料，但是需求的增长导致了一种不可持续的单一种类竹子种植园

地，消耗养分，需要施肥和使用杀虫剂。而且问题不止这些。大多数的竹子种植于亚洲，这意味着必须要长距离运输才能到达美国，这增加了它们的内含能量和碳足迹。而且，所有的竹纤维板使用的黏合剂都含有甲醛。

完全彻底的森林砍伐导致了生态系统的崩溃，包括很多动物的消失和泥石流。重新种植单一树种并不能够恢复生态系统的功能

所以竹子是不是一种可持续材料呢？和很多环境问题一样，答案要视情况而定。一部分原因是因为人们普遍认为竹子是草本植物，不是木本的，对它很少有生态认证，一直到2008年森林管理委员会才开始认证竹制品，而这之前，几乎没有什么生态保护措施。森林管理委员会的认证是一个严密的过程，因为涉及所谓的监管链，追踪材料从森林到粉碎、到堆木场，一直到家具店里的各个阶段[5]。

森林管理委员会的认证制度是促进可持续林业发展的一部分。传统的林业采用砍伐干净的办法，因为这样更容易、更便宜。森林确实需要更新，老的树木会死亡、腐烂，给土地提供养分，给新的生命提供场地。

自然森林大火也是这种过程的一部分。但是当一个森林被伐光，它一般就不能再生了。这需要更长的时间，在此期间，野生动物的生命会受到威胁，而且容易发生泥石流等灾害。

当北半球面临森林过度砍伐的问题时，燃烧森林变成耕地正在快速地消耗着我们赤道附近的热带雨林。这种做法主要是为了清理出场地种植粮食和放牧，但是对热带雨林木材的需求增多加剧了这个问题。虽然有一些包括森林管理委员会在内的对热带雨林木材的认证，但是环保主义者认为，这些认证都不够有力或者是一种屈服。他们坚持认为，最好根本不要认证热带雨林的树木。

塑料，对于大多数的环保主义者来说，是一个邪恶的词。从获得的角度，它的生产一般基于石油。在使用阶段，它可能含有对人类和其他物种有害的化学物质。当被丢弃时，塑料在至少几百年内都不会被降解。顺便说一下，这种累积，不光发生在陆地的垃圾填埋场。在太平洋中部，有一块面积是得克萨斯州两倍大的区域，被称为太平洋环流，或者更确切地说，被称为太平洋大垃圾带，其中数不清的塑料被困在环流中。它被称为世界上最大的垃圾填埋场。

但是，不是所有的塑料都是由石油制成的。1855年，人们发明的第一块塑料，是用植物纤维管制造的。1941年，亨利·福特拍摄了一张著名的照片，照片中他挥舞着斧头去砍一辆车的后备厢，以验证它的强度要优于钢铁强度，这种后备厢就是用一种植物材料制成的。在第二次世界大战之后，合成塑料变得更便宜，生物塑料的发展落在了后面。但是现在通过几种植物来生产塑料又重新引起了人们的兴趣。玉米基塑料，可能是商业化发展最好的一种。然而，种植玉米用做制造材料的生物基料，可能与农业，特别是粮食的生产产生竞争。使用玉米制造乙醇的需求已经推高了玉米和其他作物的价格，增加这种需求不是一个有效的途径。最好可以使用不是食物的作物，或者是食物被收割以后剩下来的植株部分。例如，使用甘蔗渣来生产塑料，甘蔗渣就是一种制糖业剩余的废料。还有一些其他的材料使用免费的农业副产品制成。秸秆板虽然不是塑料的，但也是一种可持续的替代材料，用本来要犁除或烧掉的小麦茎部制成。

亨利·福特曾经对生态塑料很着迷。图示中展示他汽车的生态塑料后备厢可以抵挡斧子的砍击

关于生物质能材料或者任何植物基料的材料，还需要考虑两个问题。第一个是它是不是有机种植的，或者是没有使用化学肥料和杀虫剂种植的。棉花经常被宣传为一种天然材料，但除非是有机种植的棉花，否则还是可能会引起地下水污染和下游没有水生生物可以存活的死水现象。“天然的”是一个容易误导人的词语，因为对此没有严格的定义，相反，“有机的”才是被严格定义的词。

一个更艰难的议题是转基因产品的使用。大多数的转基因产品可能是安全的，但也会有一些意想不到的后果，例如对生态系统（和人类）的副作用和转基因产品的泛滥性增殖（取代了其他的植物）。当然也有很多积极的因素，包括已经实现的和潜在的，但是根据预防为原则的建议，我们应当审慎地对待新的技术。

生物塑料，像很多其他生物基料的材料一样，可以被生物降解，意味着它们可以分解成能够回归大地的物质。这些可以归为第一章所讲述的生物性养分。但是和生态领域的很多术语一样，"生物降解"这个词可能会产生误解或导致错误的行为。大多数的材料在被填埋后并不会降解。生物降解塑料或者报纸，除非暴露在自然环境中，否则在很长一段时间内都不会产生可见的变化。有的材料需要接触氧气，其他的可能需要生物酶或者细菌。

赫尔曼·米勒设计的米拉椅可以在 15 分钟内被拆开，而且几乎所有的部件都可以被回收

耐久还是有计划地报废?

考虑到投入到每栋建筑中的材料和内含能量，可持续性的一个基本原则是要保证其有足够长的寿命。除了少数例外（如临时建筑），建筑的耐久性是生态设计的一个基本原则。但是建造一个足以屹立多年的建筑并不仅仅是选用寿命长的材料就能做到的。一个显著的要点在于，建筑必须被使用者赋予价值，如果建筑设计并不能与其功能相匹配，那么很快这个建筑就得被改造甚至拆除。

如果想要使建筑长寿，那它就需要对使用、技术及文化模式的改变具有足够的适应性。换句话说，这个建筑要有耐久性和灵活性。“解构设计”是实现灵活性的一种途径，同时也满足了最终替换掉这个建筑的需求。工业设计领域一度致力于研究可拆卸的设计（也可以表示为解构设计）。举一个知名度很高的有关办公椅的例子，几家生产商参加了一个设计竞赛，要设计出能用最快速度和最少工具拆卸的办公椅。主旨是通过设计提高循环再生在经济上的可行性，这样在产品寿命周期结束的时候，材料可以被迅速地分离处理。

当然，建筑物比起办公椅要复杂得多，它们也需要更加耐久，至少某些部分是。斯图尔特·布兰德在《如何学习建筑》一书中介绍了如何将建筑解析为六层，从永恒的基地到随着时代更替的表皮和结构，再到可能随时更新的家具设施[6]。

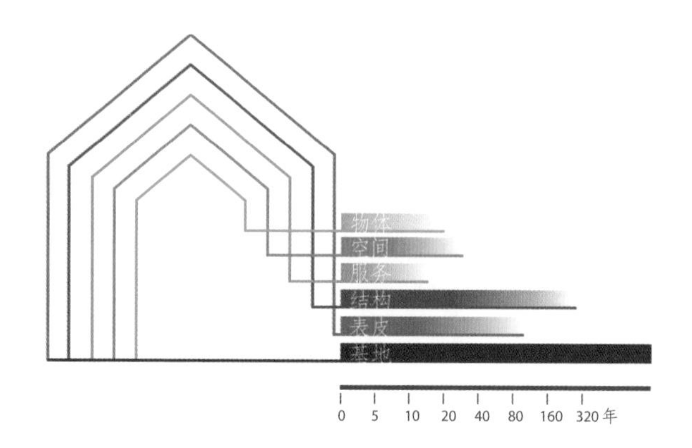

建筑分层结构的概念，由弗朗西斯·达菲首次提出，然后被斯图尔特·布兰德和泰德·本森所拓展。在不同的分析中，不同分层的寿命不一样，该图示结合了这些分析

这一概念已经被应用到了开放建筑中，而且它从根本上改变了我们对建筑的理解，即这些层是相对独立的[7]。在某种程度上，现代办公建筑就是这种概念的诠释——不承重可拆卸的隔墙加上核心筒结构。但通常情况下，办公室或是住宅的改造都存在强力拆除的情况。想像一下，如果我们的住宅墙体都已建成，电线、水管等都可以直接接通或改造，不用在墙上打洞，也没有障碍物，然后也不需要修修补补或重新粉刷（或者又如更换窗户的时候不会破坏室内外墙体），这些将是多么令人愉悦的事情。关键在于区分这些层的时候，要减少这些层相互之间的干扰。

开放建筑也与面向未来的概念相关，指的是设计、建造的建筑能够适应未来的发展。例如，太阳能光伏电板如果暂时不在预算之内，但最终可能会安装，那么就在屋顶上预留管道和结构承载力，以便减少后期安装光伏电板时的干扰和造价。类似地，目前的设计规范可能不要求设计中水系统，但是如果预先将管道铺设好，等将来规范更新的时候仅需打开阀门就能使用。

玻璃纸住宅（2008 年）由基兰·汀布莱克事务所设计，可以被拆卸、运输和重新组装

最终，大多数建筑都会到达其寿命终点，但由于我们在设计时没有为将来的拆分做好准备，这些建筑通常面临破坏性的分解，这就使材料的回收和再生变得很困难。结构建筑的第一条原则是用机械连接代替固定连接，特别是在连接不同材质的材料时。基兰·汀布莱克事务所设计的火炬住宅（Loblolly House，2006年）就是这种技术的一个例子，整座建筑由可拆卸的模块通过螺栓连接起来。这个事务所的另一座玻璃纸住宅（2008年）在前者的基础上进一步探索了这个概念。

随着材料价格的上涨和绿色设计的兴起，报废式拆除正在被可拆解式拆除所取代，目的是为了将材料从废弃物中分流出来。要做到这一点，需要我们对建筑系统做更多新的思考，包括粘在塑料复合层上的地毯，还有典型的由金属、木骨架、墙板、复合层、外饰面以及其他各种材料构成的复合墙体。

在图示的各图层中，很多建筑元素会在30年或更短时间内被替换。这可能是因为它们被用坏了、在审美上或者科技上变得落后，或者是成为正常更新换代的替换对象。对这些寿命比较短的元素，从一开始就对它们的寿命终止做出计划变得很有必要。有一个非常有趣的方法是不要购买任何材料或产品，只从生产商那里租赁，然后当不需要或者移除的时候还回去。这种概念，经常被称为产品服役，已经在其他的领域应用很久，例如办公室的复印机。对于一台复印机，你不会想拥有这个机器，也不想要承担拥有的责任，你只是需要不费力气的复印。很多公司都在研究如何把这个概念用于建筑。有一家地毯公司通过一个名为“永续租赁方案”的项目对其进行了试验——企业租赁地毯块，用完后再由地毯公司进行回收。可惜的是，这个计划被官僚主义的惰性所阻碍，公司无法确定随着通货膨胀或运行和维护成本的上涨这种租约能否赚钱。

但是不要就这样抛弃这个想法。想像这样一个模式：一个建筑的业主，不是去购买一个空调系统，而是和一个制冷供应商签订合同。这个供应者（可能是空调制造商）同意每个月收取一定的费用来为建筑制冷。它将为设备的维护和被抛弃时的处理负责任。这种模式改变了许多责任的归属，因此也改变了对应的激励措施。生产能够进行维护、维修、升级以及未来拆卸的设备也符合供应商的利益(因为设备最终将回到供应商手中)。

传统形式的所有权对比以服务作为产品：以空调系统为例

阶段	传统所有权	服务产品模式
建设阶段	拥有者购买所有的设备并安装	生产商提供设备并安装 减少或者不需要使用者付钱
使用阶段	拥有者支付运行费用和维修费用	使用者支付租赁费给生产商，生产商支付所有的运营和维护费用 生产商有动机来设计更节能、更持久、易维修和易升级的设备（假设生产商需要支付系统运行的费用的话）
结束使用阶段	拥有者必须处理设备，包括潜在的有毒废物	生产商收回设备 生产商有动力设计易于拆卸和回收再利用的设备

注：这张表比较了以服务作为产品的好处和空调系统的传统形式的所有权的成本。

现在我们来修改一下合同，让空调厂商来支付制冷的电费。他们会突然对可以使用的最节能的技术设备产生兴趣，然后使这些设备随着技术的完善而不断更新。当租户和业主付电费账单时，虽然他们有财务上的兴趣，但是没有足够的能力，也不能涉入设备的更新发展。这种产品和服务上的责任转换，从业主转换到生产商，可能会对效率产生强烈的影响。

这个住宅的厨房细节显示了几种绿色材料：瓷砖后的防溅板和顶板是用回收玻璃制作的，蓝色面板是一种含有 40% 工业回收材料的生态树脂，橱柜饰面板是经过森林管理委员会认证的，橱柜的板芯是用小麦秸秆制作的

材料和社会责任

在“生态设计：是什么和为什么”一章中，可持续性被定义为要包含社会层面的问题：人和社会会受到怎样的影响。从材料的角度来看，这需要我们去关注如工作报酬、工作环境、童工以及工会权利等方面。那些种竹子的人们收入怎样？那些西藏毯子是儿童织造的么？那些海外工厂（或者是国内的）的工作环境安全吗？虽然你不可能亲自去确认这些问题，但有些类似“公平贸易”和“GoodWeave”（前身是“地毯标志”计划）这样的组织会去认证这些材料和产品的社会层面问题[8]。

要始终记得不应该用单一的评价标准去衡量一种材料，应当根据多种属性去评价。有的时候这些属性相互契合（如生物降解性和生物基质），有的时候属性会相互矛盾（如生物可降解性与耐久性）。一种新型的叫作生态石的墙体材料很好地说明了多种评价标准的问题。它主要由工业废料(可回收的成分)制成，挥发性有机化合物含量低(无毒)，抗霉(健康)，比标准石膏墙板耗能少得多(节能)。一个很实用的问题是，你将如何辨认区分各个厂商的这些声明，这将带我们进入下一章。

第八章 标签和评级：量化生态设计

20世纪60年代兴起的环保主义与生态设计留给我们这样一个印象：环保主义者们含情脉脉地拥抱着大树，阻挡着眼前的伐木机，而在背后支撑他们的科学依据及客观性却少得可怜。同时，生出了让人眼花缭乱的环保标签与评级体系。“我们得把麦粒与外面的麦壳分开”，这个说法很诱人，但它同时也暗示着麦壳是无用的。若果真如此，那就不太妥当：麦壳，一种不能吃的农业副产品，恰恰是一种有用的材料。前文提到过，我们可以用工业废料来制作麦壳板，不然那些工业废料也只会被丢弃或烧掉。

然而，有一种“麦壳”确实应当被剔除。在环保主义中，特别是环保标签中，我们需要鉴别出“漂绿”与真绿的差别。不仅要评估我们做得如何，还要能够评估我们的选择，以决定谁是可信的。要做到这一点，我们先要看建筑材料与建筑产品的标签与认证，然后再来看建筑本身。我们从建筑材料与产品标签入手，因为明白它们的意义及使用方法对生态设计这一过程至关重要。同时，也因为它们为对整个建筑这种“产品的产品”的更为复杂的评估奠定了基础。

材料和产品标签

生态标签的“麦壳”就是那些不精确、不实际、不可信的地方。要想看透这些标签，我们需要知道它们是谁颁发的以及是怎样颁发的，同时还需要知道标签到底认证了什么。为了讨论得更清晰，我们可以用两种方式来分类标签：按标准来分以及按认证人来分。

按标准来说，标签可分为单一属性标签及多属性标签。三个箭头首尾互相衔接的循环使用标签就是一个单属性标签。它仅基于材料中是否含有可循环使用的成分，或者有时也被用于（也许是滥用）标示整个材料都是可循环的，而与其他环境问题无关。类似地，“能源之星”评估的唯一标准就是能效，“水意识”只评估用水效率。而“从摇篮到摇篮”认证则全面考虑对环境的影响，包括用水效率、毒性及社会责任。因此，它就是一个多属性标签。

也许，对于生态标签来说，更大的问题是可信度。面对着呈指数级增长的环保标签，你怎么分辨该信任哪些？为评估可信度，我们可以根据ISO 14020定义的类型把标签分为几类[1]：第一方标签意味着它是自行论断的，也就是说，这是生产机构自己作出的声明。循环使用标签就是一个很好的例子：没有任何机构负责颁发或者监管那个标签，谁都可以使用它，而且大多未经验证。尽管第一方标签也许是准确的，但却很难说它是可以确信无疑的。因此，总的来说，它是用处最小、可信度最低的一种标签。

第二方标签来自于工业或贸易组织。这里的一个例子是橱柜制造商联合会环境管理项目认证，但是因为这一项目的认证是由行业而非外部机构提出的，人们很容易质疑其独立性。

可持续林业倡议标签（SFI）是另一个例子，虽然复杂得多。SFI是作为森林管理委员会的备选标签而出现的。它最初由一个木材产业商会提出，随后因其宽松的标准及缺乏验证而广受批评。因此，它逐渐发展成了一个独立的非营利机构，并声称拥有来自第三方的认证。但是许多人仍然怀疑其独立性，认为其认证要求比森林管理委员会要低得多。

森林管理委员会标签的标准与“能源之星”“水意识”等标签类似，是由制造者以外的第三方机构来制定的。即便如此，我们也可以断言存在利益冲突，因为这类标签有的需要付费才能得到，而机构通常很依赖于这些费用。

真正的第三方标签不仅要求其所宣称的环境指标能够达到一个独立机构所提出的标准，还要求这些指标能经得起一个独立机构（颁发标签的那个机构或者是一个独立的实验室）的检验。有些机构接受制造商的检测数据，并依此来发布自己的结论。如果允许这样做，标签的可信度就没有了。从本质上来说，这就意味着此标签不再是一个第三方标签，而是一个第二方标签了。

还有一类标签叫作“产品环境声明”，它们更像是食品的营养成分标签或报表：仅提供关于材料或产品的性质及影响的相关信息，而不一定断言它们是否达到某些等级或标准。如果你看到一个“科学认证系统（SCS）”标签来标示某产品中可循环成分的比例，那就意味着它经过了SCS的检验与确认，而非前面提到的那个更为著名但却未经检验的循环使用标签。

随着新的标签、新的评级和新的信息来源的不断出现，绿色建筑网的“GreenSpec”项目与健康建筑网络的“Pharos”项目于2010年宣告二者达成的合作也许能为选择与评估建筑材料提供一站式服务。这个基于订阅的服务结合并交叉引用了“GreenSpec”项目对绿色产品的审查和审查名单，以及“Pharos”项目提供的诸多第三方评级，从而得到了一个拥有大量关于化学及材料信息的文库，进而建立起一个客观的关于环境信息的交流中心。

第五种评级：基于使用者的反馈，一种非正式的评级。这些是使用过该产品的人们所写的评价，就如亚马逊上的用户评论。“RateItGreen”网站是一个集中人们使用绿色建筑产品的经验与评价的网站，让人能够得到来自真实世界的信息。“Pharos”项目也有一个使用者评价的专区。

几种标签比较

标签分类	单一属性	多属性
第一方标签/自我标签	(ISO 14021 Type II)	“环境友善” “纯天然”
第二方标签/交易机构	CRI PLUS	KCMA
第三方标签/独立	FSC	EcoLogo (ISO 14024 Type I)
产品环境声明	SCS CERTIFIED 100% RECYCLED CONTENT	BEES 4.0 (ISO 14025 Type III)
基于用户的	Rate It Green™ Buy green confidently.	

注：生态标签应当通过是谁来颁发而评价，或者研究其分析数据和环境评价标准。注意，国际质量体系 ISO 14024 类型的标签是一种多属性标签。

生命周期分析

对环保标签理解的下一步，就是观察其评价标准的依据以及如何来评价产品。最简单的方法就是采用一个检查清单，而更复杂的办法就是运用“生命周期分析（LCA）”，也可叫“生命周期评价”。LCA不应与“生命周期成本计算（LCC）”相混淆，LCA着眼于材料或产品整个生命周期中的所有输入与输出。LCA与LCC的本质区别就是LCA会考虑环境以及社会的影响，而非直接的金钱花费。这些环境与社会影响会造成间接的社会开支，而生产商是不会为此买单的。温室气体排放所造成的环境变化就是一个明显的例子：一个化石燃料发电厂不会为其排放所造成的环境影响付费。用经济学的术语来讲，这是一种外部成本（“碳税”或“限额交易计划”就是通过把这些碳排放入大气所造成的花费“内部化”来应对外部成本的问题），只有将外部成本包括在内，我们才能了解事物的真实成本。

LCA评价了一个产品生命周期中的各个阶段，一般从原材料获取开始，接下来是生产、装配、使用，直至其生命周期的终结——是填埋也好，是各种循环再利用也好。在每一阶段都有材料与资源的输入，并对环境造成影响。LCA过程包括几个步骤，首先列出和量化投入，然后把每个数量乘以一个能反映每单位投入的环境影响的“生态影响系数（或指标）”。困难之处不在于乘法，而在于得出每种材料的相对影响系数。这个系数并不只是关于材料本身的，还要考虑其制造过程以及生命周期中的其他投入，包括交通及电力消耗等。1kg钢的生产与1kg聚苯乙烯的生产或1kW电相比，造成的影响有何不同？而且，我们也需要知道各种材最终处理时所造成的影响。把那些钢填埋所造成的影响与把它回收利用相比又如何？我们的主要工作就是摸索出这些影响系数并把它们相互协调好。幸运的是，我们有一些数据库以及软件作为辅助。

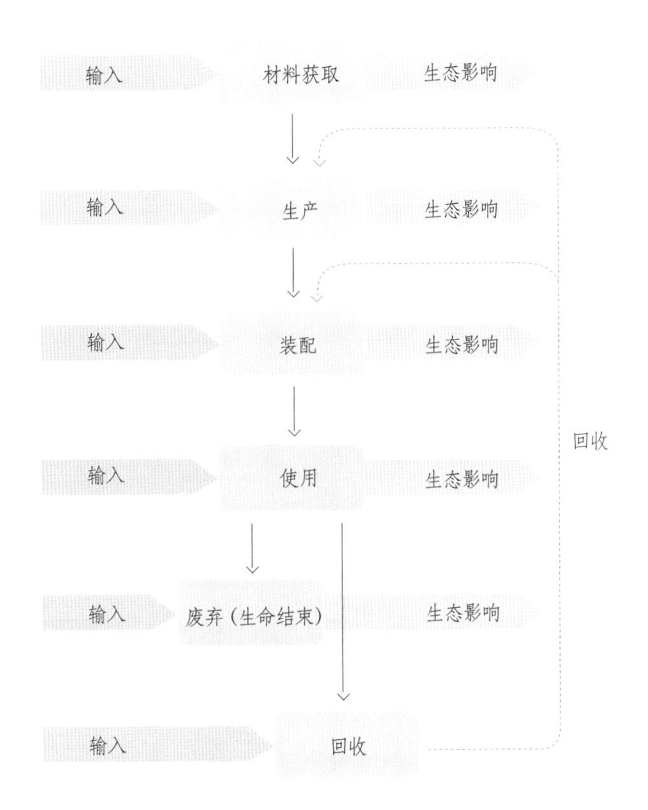

一个产品的生命周期过程

多属性评价的一个问题就是权重。如果一个生态影响系数考虑多种环境影响，那么影响的相对重要性是如何决定的？气候变化应给予多大权重？水污染、室内空气质量呢？关于这些问题，没有一个绝对正确的答案，因为关于哪些环境问题最重要，人们的意见并不一致。有些体系（如绿色能源与环境设计先锋奖2009)，会用大量的研究来取得一个基于共识的权重。另一些不太常见的体系(如生态环境可持续建筑)，会让使用者来决定他们对权重的偏好[2]。

在实践中，LCA在对建筑设计的多种备选方案进行比较时很有用。光源就是一个很好的例子。我们在“能源效率：主动式技术”一章的照明部分中讨论了荧光灯的优缺点。要想在荧光灯及其他光源中做出依据充分的选择，我们需要对白炽灯、荧光灯、LED等光源的真实成本与影响做一个LCA对比。这样的研究就能够客观地比较产品整个寿命周期所输出的影响。

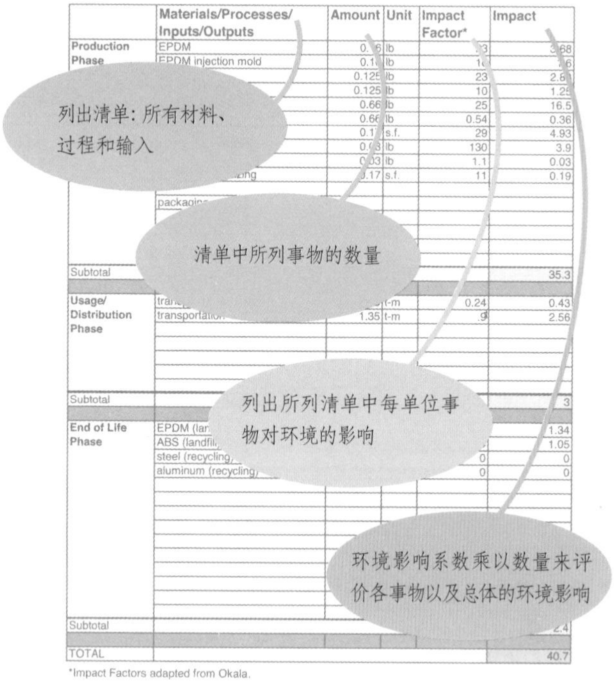

	Materials/Processes/ Inputs/Outputs	Amount	Unit	Impact Factor*	Impact
Production Phase	EPDM	[illegible]	lb	[illegible]	[illegible]
	EPDM injection mold	[illegible]	lb	[illegible]	[illegible]
	[illegible]	0.125	lb	23	[illegible]
	[illegible]	0.125	lb	10	[illegible]
	[illegible]	0.66	lb	25	16.5
	[illegible]	[illegible]	lb	0.54	0.36
	[illegible]	[illegible]	s.f.	29	4.93
	[illegible]	[illegible]	lb	130	3.9
	[illegible]	[illegible]	lb	1.1	0.03
	[illegible]	[illegible]	s.f.	11	0.19
	packaging[illegible]				
Subtotal					35.3
Usage/ Distribution Phase	[illegible]	[illegible]	t-m	0.24	0.43
	transportation	1.35	t-m	[illegible]	2.56
Subtotal					3
End of Life Phase	EPDM [illegible]	[illegible]	[illegible]	[illegible]	1.34
	ABS [illegible]	[illegible]	[illegible]	[illegible]	1.05
	steel (recycling[illegible]	[illegible]	[illegible]	0	0
	aluminum (recycling)	[illegible]	[illegible]	0	0
Subtotal					[illegible]
TOTAL					40.7

*Impact Factors adapted from Okala.

列出清单：所有材料、过程和输入

清单中所列事物的数量

列出所列清单中每单位事物对环境的影响

环境影响系数乘以数量来评价各事物以及总体的环境影响

进行一个生命周期评价的步骤

三种光源生命周期评价比较

阶段	白炽灯		荧光灯		发光二极管
	1盏灯 1000 h	40盏灯 40 000 h	1盏灯 8000 h	5盏灯 40 000 h	1盏灯 40 000 h
生产阶段	·	•	·	•	•
使用阶段	•	⬤	•	●	●
废弃阶段	·	•	•	⬤	—

注：这是对白炽灯、荧光灯和发光二极管的生命周期评价的比较，用各种光源的寿命作为统一标准。每个圆的尺寸表示了对环境的影响。

光是给一个产品进行生命周期分析就已经够难的了。现在来想想建筑的层面，你如何给本身就如此多样并含有同样多样的材料与产品，而且又存在于不同地点及不同使用者的建筑来进行生命周期分析呢？这是可持续建筑设计的伟大目标，有一些项目正朝着这个目标努力。目前还没有哪个项目能完全达到这一目标，但生态环境可持续建筑和建筑环境影响评测工具（ATHENA）已取得一些阶段性的成果。

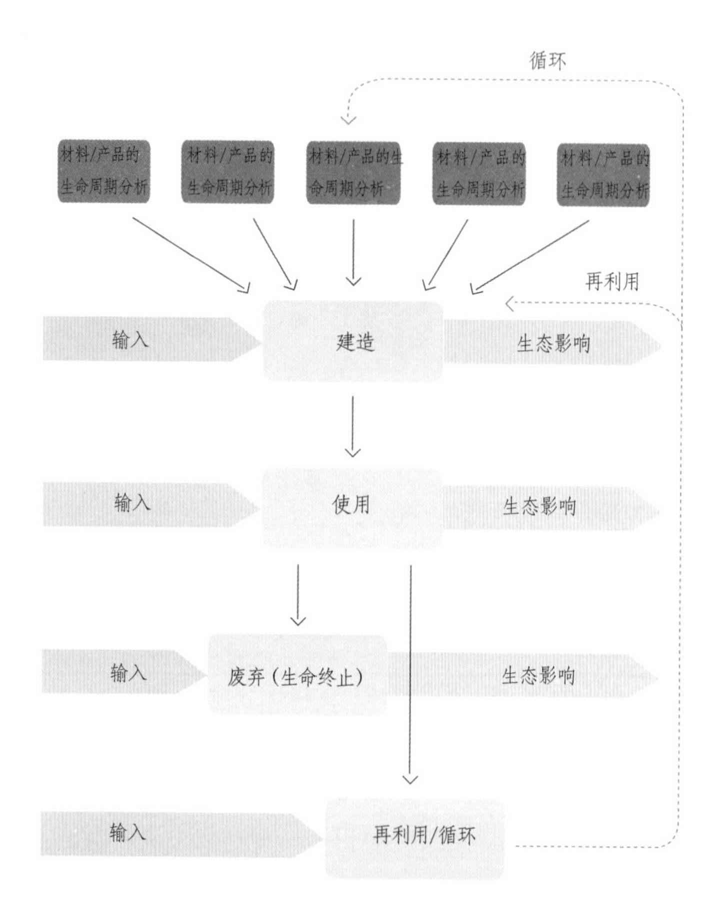

在建筑的生命周期分析中，相对于一个产品的使用阶段，使用阶段的建筑寿命通常被称为占据期间，建筑还有额外的生命终止后再生的可能

建筑评价：绿色能源与环境设计先锋奖(LEED)

在我们有能力为建筑进行LCA之前，我们如何来评价设计与建筑？有若干种方法都可以，但目前，LEED评价体系成为了事实上的标准。美国绿色建筑委员会于1998年开始开发的LEED项目至今已有了显著的进展，已发展到了第三代。根本上来说，它是一个关于生态设计的各种特性的检查清单，并会基于一些特性来打分[3]。一个建筑所达到的等级由其总分来决定。检查清单与分数的概念既是LEED的优点又是其弱点。作为一个检查清单，它给设计团队提供了一条相对直观的路。但有时，它也因此被批评为是个打分游戏——相比于建出最环保的房子，获得高分似乎成为了更高的追求。而这两个目标----获得高分与环保的房子，有时并不完全一致。

同时，LEED还因为在建筑刚一完工就予以认证而受到批评。因为这样一来，建筑运行的实际数据就非常有限甚至干脆没有。因此，建筑是否如模型预测的那样运行、人们是否如期待的那样在操作中发挥了建筑的节能性都属未知。实际上，有一些研究表明，LEED认证的建筑也许并不比传统的建筑更节能[4]。

当然，为了避免以上的问题，应该在建筑经过了一定时间的使用后再对其进行认证，或者要求认证是一个基于其表现的持续过程。一些LEED采用后一种方式。它们会对认证提出新的要求，或者是在现有建筑运行与维护的体系下进行认证，或者是记录建筑的实时表现数据（LEED为Homes的升级版，要求有资质的能源评估机构来进行验证）。

建筑评价：其他评价标准

另一方面，“实时建筑质询（LBC）”采用了上文提到的前一种方法：在颁发标签之前要求建筑经过一段时间的测试期。这个评级系统是由卡斯卡迪亚地区绿色建筑委员会(Cascadia Region Green Building Council)开发的，该委员会是美国绿色建筑委员会和服务于太平洋西北部的加拿大绿色建筑委员会的一个分支。LBC区别于LEED的另一点是（LBC是LEED的补充，并非竞争者）它的检查清单中的所有项目都需要认证。没有可自由选择的分数，再结合为期一年的表现评估期，使得LBC的要求相当严格。

对LEED的另一个批评是其认证过程可能非常昂贵和费时，尤其是对于管理成本占总预算相对较高的小型项目来说。美国国家住宅建筑商协会、从属于国际规范委员会的国家绿色建筑标准和从属于绿色建筑倡议的绿色地球体系，就是为了解决这个问题。和生态标签一样，这些指南总是由行业协会来制定（或至少严重受其影响），这一事实也许会让某些人质疑这些标签的有效性。而同时，另一些人则认为许多建房与行业组织的介入将有助于建立起更合理的评价体系。

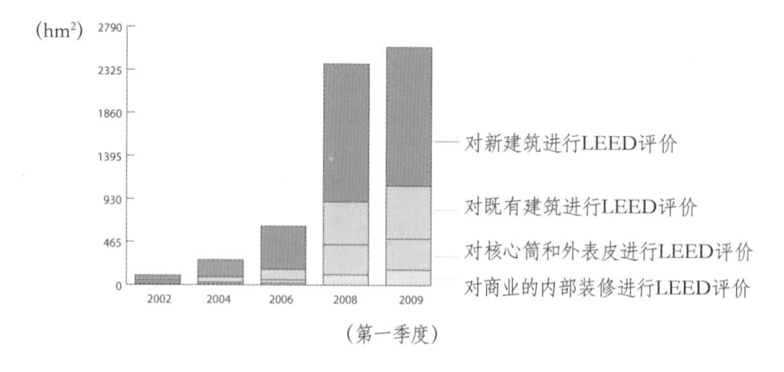

自 1998 年以来，LEED 评价体系扩展到各种不同的建筑类型、住宅社区规划及建筑运行项目中（引自：建筑报道）

“能源之星”与“水意识”都已经超越了仅认证产品的阶段，现在它们都已经开始对整个建筑进行认证了。在这一点上，“水意识”仅对住宅认证，而“能源之星”则对住宅和各种商业及生产设施都进行认证。就像它们的相关产品标签，这些认证都是单一属性认证。它们可以与LEED评估放在一起，也可以分开使用，与LBC也是一样。

还有其他的许多认证，包括“地球工艺”和“被动式住宅”（在“能源效

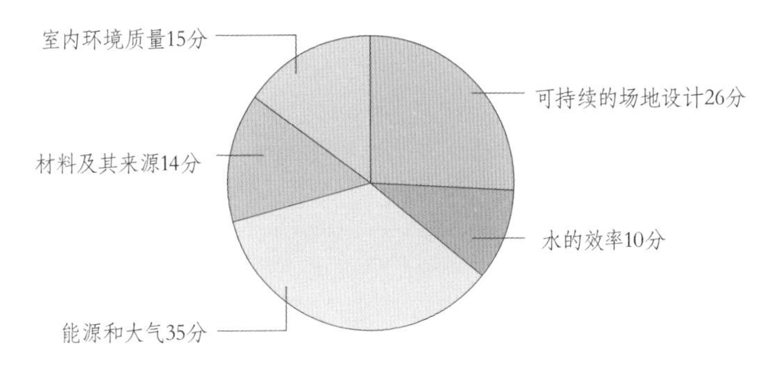

LEED 2009发布前的分类和分数分布。另外还有10分的额外分和创新分，总共110分

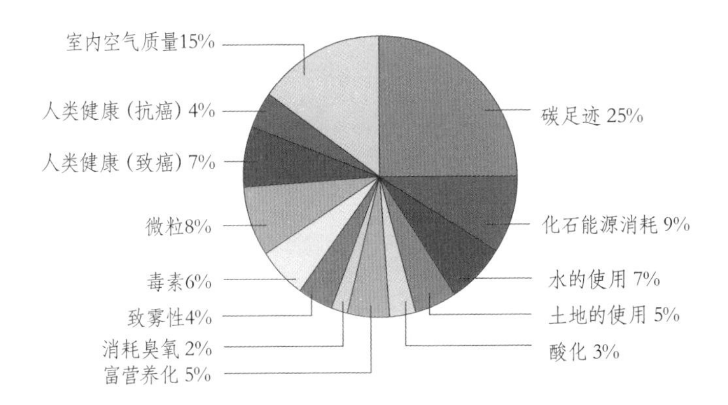

LEED 2009中对分数进行了重新分配，强调了气候变化和二氧化碳的排放

率：被动式技术”一章中提到过）。目前，LEED是最接近于行业标准的。LEED一定会继续发展，就如其他项目一样。理想的体系应该全面、灵活地反映当地条件，并且对管理者来说不应该过于困难。

关于这种项目，我们已经有了食品营养标签这个先行者。当然，评估建筑是很不一样的，但如米歇尔·考夫曼等建筑师已经构想了一个“建筑营养标签”。它算是一个设计工具，但更多的是一个让消费者觉醒的工具。但是，最终这种标签可以同时极大地促进建筑使用者和建筑设计师和施工者的意识觉醒。

被动式住宅（美国）

要求
采暖要求：15 kW·h／（m^2·a）
制冷要求：15 kW·h／（m^2·a）
初级能源需求总量（采暖，热水和电）：120 kW·h／（m^2·a）
空气渗透：50 Pa气压下每小时0.6次换气率
建议（根据气候的不同而不同）
窗户***U***值：0.8 W／（m^2·K）且50%综合遮阳系数
热回收通风系统：75%效率，且电能消耗0.45 W·h／m^3
结构中***T***值大于0.01 W／（m·K） 的热桥

注：被动式住宅的要求与LEED采取的方式不同，它主要关注超级保温的建筑围护结构，由此将采暖和制冷能耗降低到接近于零。

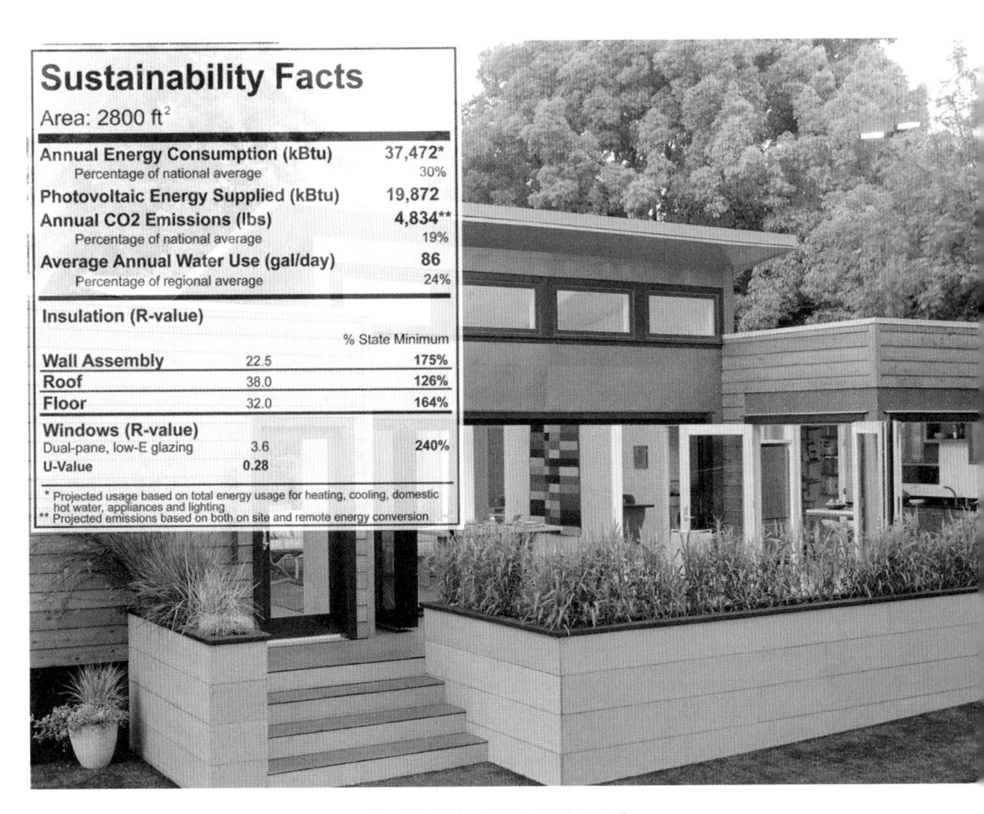

Sustainability Facts

Area: 2800 ft²

Annual Energy Consumption (kBtu)		37,472*
Percentage of national average		30%
Photovoltaic Energy Supplied (kBtu)		19,872
Annual CO2 Emissions (lbs)		4,834**
Percentage of national average		19%
Average Annual Water Use (gal/day)		86
Percentage of regional average		24%
Insulation (R-value)		% State Minimum
Wall Assembly	22.5	175%
Roof	38.0	126%
Floor	32.0	164%
Windows (R-value)		
Dual-pane, low-E glazing	3.6	240%
U-Value	0.28	

* Projected usage based on total energy usage for heating, cooling, domestic hot water, appliances and lighting
** Projected emissions based on both on site and remote energy conversion

米歇尔・考夫曼设想的一个针对住宅的“营养组成标签”

第九章 可持续设计的未来

建筑世界的最初形式，必然是对环境作出反应，并与自然协同作用的。在工业时代以前，人们没有其他选择。那时有最基本的采暖，有的时候有基础的管道，但是建筑和一个遮盖物差不多，在外界极端环境下保护着它的居民，同时与自然提供的物质合作。这些结构经常是最纯粹意义上的自然和有机的：用树枝和茅草、兽皮、岩石、冰制成。随后，当文明发展到工业革命时期，障碍被解除，人们借助机械强大的力量，突破了当地材料和当地气候所形成的制约。总的来说，这是一件好事：人类的生活条件得到了极大的改善。

当我们越来越依赖于技术手段，越来越不再依赖自然，有些人隐约意识到了这种新依赖的副作用，虽然试图使自己从自然中获得自由，但是并没有使我们逃离结局。在20世纪的后半叶，越来越多的环境问题竞相出现，有的已经发生，有的潜在发生。我们开始意识到，失去了对自然的依赖，反而讽刺性地变成了失去这些我们赖以生存的自然——至少是我们赖以维持现状生活方式的自然。

起初，人们的反应是后退一步，建造更简单、能源驱动更少的建筑。有过很多令人激动的概念和实验，经常结合着新的和旧的想法，但是大多数的案例与当时主流相差很远。形成的设计结果，通常不是另一种审美，而是一种天翻地覆的变化。这些设计通常脱离绝大多数建筑世界，也不被业主所接受。这些另类的生活设施，也许起源于20世纪60年代的反政府主义运动。说这些是绿色其实没错，尽管这次运动并没有这样称呼自己。

很多这样的建筑拒绝科技，倾向于被动式设计，采用自然材料，结合自给自足的系统（例如雨水收集），并选择放弃我们现代人所享受的很多便利设施。而且在很多例子中，这些建筑处于远离城市和大多数美国人生活的郊区。然而，当20世纪70年代的油价敲响了警钟，对环境保护和生态设计的兴趣变得更广泛，金融来源也更丰富。太阳能导热板出现在人造景观的上方，包括白宫上面。玻璃技术也提高了，机械设备变得更高效。生态设计运动开始了新的高科技美学，沉浸在“科技不是问题，而是所有问题的答案”这样的气氛之中。

“地球之船（Earthships）”是利用自然和回收材料制成的被动式太阳能住宅，是早期可见的绿色设计的一个案例

当时的一个问题（在任何时候都是）是运动中可以看到的生态审美。你可以选择是做一个像梭罗喜欢的那样的丛林中的树屋，也可以选择拥抱最新潮的科技前沿，或者是做一个与传统完全不一样的隔世的泥棚。热衷于生态设计的人被认为是嬉皮士或是科技狂人或是两者兼有，这使得生态设计的大众化受到了限制。

这个动态塔楼的概念由大卫·菲舍博士提出，是一个结合高科技措施的可见的绿色案例。每层楼板分别转动，由楼板之间的风车提供能量。这个设计还设想了建筑变成完全预制的模式，可以迅速地被组装

在20世纪八九十年代，廉价能源的回归夺走了节能设计的动力。房地产泡沫促进了国际主义和纪念性的合作建筑。任何在过去几十年中取得的节能上的提高，都被泡沫中突然增加的建筑面积导致的材料和资源消费增加所抵消。

但随着世纪之交的到来，人们对能源和环境问题的兴趣出现了复苏，这是由于再次增长的油价和人们对气候变化的广泛认同和认识所激发的，人们对生态设计的认知和实施开始进化。第一个朴实的阶段（主要是被动式太阳能设计）是一些基本的策略被一些替代性的生活方式所抛弃，开始与科技手段融合。这就产生了许多理想化的房子，包括巴克敏

斯特·福勒一直引以为傲的未来住宅（例如太阳能十项全能项目）和更多看起来正常的预制建筑甚至投机建筑[1]。集团总部开始炫耀其绿色性，攀比哪个塔楼或者办公园区可以得到最高的能源认证分数。这成了生态设计变成主流的开端（现在依然是）。这是在从绿色设计作为附加的、经过思考或自愿做出的贡献变成生态设计中作为建筑不可分割的一部分的整体性道路上革命性的一步。

这种整体性同时具有相关过程和审美因素。过程方面最好的表现如在“生态设计：是什么和为什么”一章中所讨论的那样，在设计过程中整合所有的方法，项目里的所有相关方在一起头脑风暴，保证每个人都有统一的认识。整合设计还强调可持续性至少和传统设计过程中的功能、结构等设计核心一样重要。

审美上的革命更加微妙，但是在主流化的过程中同样很重要。为了同时囊括有机和高技派的优点，并将绿色设计整合到所有设计之中，我们必须摒弃生态设计不等于美学设计的观念。生态设计变成了我曾经说过的“透明的绿色”[2]。生态的元素依然在那里，只不过没有那么明显，当然，除非你去刻意寻找它们。当绿色设计不再意味着外观，它就不再是一种有意识的选择，不再是一种宣言，不再针对一些特殊的（少数的）群体。

透明的绿色设计可能不会马上被认出来是生态设计

这是优点也是缺点。多年来，市场对于混合动力车的一直观点是：人们不想驾驶与众不同的车。将节能汽车变成主流的方法是使它们看起来和普通汽车一样。不对，将丰田普锐斯与混合动力凯美瑞（与传统凯美瑞没有明显的区别）的销量比较后发现，显然普锐斯的销售更成功，因为买家们希望人们知道他们正在进行一种环保的选择。这个事实告诉我们，有两种类型的买家，一种核心的群体是早期的接受者，如普锐斯的拥有者，这些人会花更多的钱来宣告这一点；另一个群体是只要不剧烈地改变他们的生活方式就愿意接受"绿色化"的观念，他们不愿意显得与众不同[3]。对建筑也是一样，有着相当数量的市场适合做"绿色宣言"的建筑，但是就像大多数的人对现代设计感觉不到亲切感（有人告诉我，5%的家具销售是现代风格，剩下的都是传统风格）一样，很多人不愿意与众不同或者是改变他们的习惯。

那么，推广绿色建筑和可持续发展的最佳途径是什么呢?是对公众进行消费的教育，让他们会更愿意或者更需要生态设计？或者更有效的办法是"偷偷潜入"，进行一些人们所说的"偷偷的绿色"？

我认为这个选择是个伪命题，我们是可以两者兼得的。当然，这里讨论的生态设计的很多方面可以整合进建筑而不影响建筑的外观，甚至不改变建筑的预算，所以不将业主牵扯进来也算是一个公平的做法。但是，不让业主涉入，是违反我们职业操守的。

不过，其他方面，例如根据"不要那么大"住宅的原则，使得住宅面积减小这一类的因素，则需要通过我们帮助客户看到我一直强调的生态设计的双赢局面来教育他们，使他们愿意如此。我们必须从自我学习和教育开始，挑战旧的做法，必要时挑战旧有的设定和前提，以便反过来向我们的客户普及这些。这不应当是把他们（或我们自己）拖过来进行良药苦口式的辩论，也不需要在经济或者审美方面的妥协。相反，我们的职责是去发现、去设计对所有可能的方面都是最好的措施：可以在改善我们现在生活的同时也改善未来子孙后代的生活。

在蕾切尔·卡森、巴克敏斯特·福勒和维克托·帕帕内克等早期的幻想家之前，我们的设计一如既往：通过化学方法更好地生活在工业革命中[4]。随着更广泛的对于环境的认知，新的方法不断涌现，绿色设计变得不再平常。这些人成为最早的"可见的绿色"的实施者（透明的绿色实践者的前辈）。

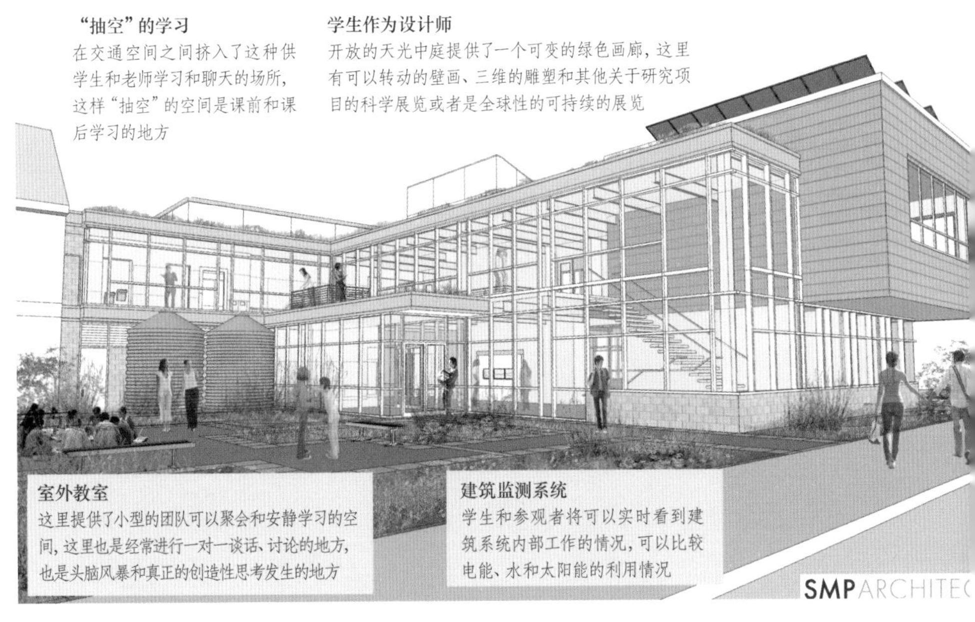

透明的绿色设计潜在的问题是缺乏传达信息的能力。相反的方法可以称为教育性的可见绿色。在这个由SMP事务所设计的学校中，建筑师选择创造了一个"教育人的建筑"

我们现在进入的阶段，随着环保主义在设计界被广泛接受并被纳入规范和法规，绿色设计正在变得平常，不管是“可见的绿色”还是“透明的绿色”，不管是客户的需求还是设计师的迫切愿望，甚至包括“偷偷进行的绿色”。

下一个阶段，对“透明的绿色”的终极认知，将会是将绿色变成平常的一个新的版本：一种被广泛接受的设计哲学。也许都不需要声明，生态建筑不再是一个可选项，而是如同安全性一样整合进整个设计责任当中，如同美学一样整合进设计目标当中。回到“生态设计：是什么和为什么”一章，我们讨论了绿色设计即等于好的设计，我觉得我们正处在理想变成现实的边缘。

也是在那一章，我描述了绿色设计的两个方法：一个是通过微调，逐步减少建筑对自然的影响；与微调相对应的是革新，只有重新审视提出的问题才能找到从根本上解决问题的新措施。它意味着改变提出的问题，例如，从如何减少建筑能耗到如何重新思考建筑的概念使它不再依赖于外界的能量来源。第一个也许涉及紧凑型荧光灯和保温，但第二个问题可能指出被动式房屋或者其他完全不同的事物，也许还未曾被想像到。

也许这会带我们回到完整的周期，回到建筑是自然的一部分，与自然在百万年中所创造的难以置信的高效的知识基础相呼应。建筑可以模仿并追上有着“不存在废弃物”的生态系统的自然。我们可以在平常的废水处理、更前沿的如3D打印技术等领域看到这种开始，也许最终将使我们可以累积性地建造我们的建筑——如同种植它们。或者，我们也许能从字面意义上“种植”建筑。也许有些牵强和异想天开，但是已经有了用生长的木材而不是用混凝土柱子和梁建造的完全有机的建筑。

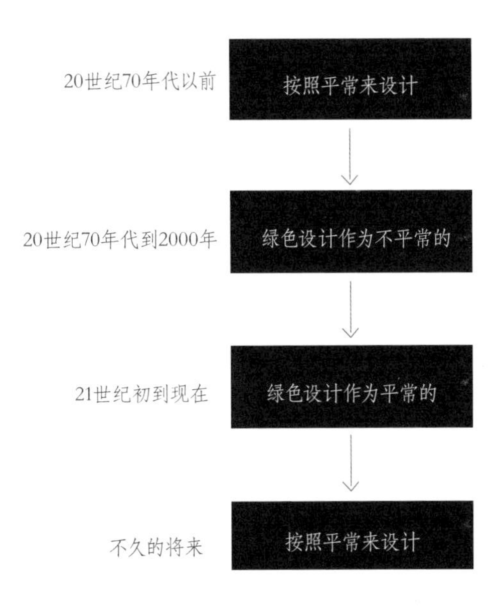

从生态意识出现以前的设计过程到默认结合了生态原则设计的变化过程

这听起来很有趣，但我怀疑我们是否会灌溉我们的柱子，尽管我们可能会修剪屋顶。毫无疑问，我们最终会得到的将是一种微调和革新的组合，一种“可见的绿色”和“透明的绿色”的组合。会有一些不同寻常的绿色设计来拓展我们设计的边界，会有更多的像平常一样的“偷偷进行的绿色”。生态设计会变成整个设计的一部分，而不是建筑上可选的装饰性的部分。生态设计也许是不容易被察觉的，但毫无疑问它是至关重要的设计的一部分。

Baubotanik 塔将自然融合在了它的建筑和结构当中，它代表了一个新的阶段，利用机械的、非有机的材料将活的植物变成实际的结构。在这个案例中，有一个临时的钢制脚手架支撑着植物，直到它们达到不需要脚手架的阶段

在 FAB 树屋项目中，三个麻省理工学院的设计师提出了一种从自然生长的树上种出住宅的想法。生长的植物被嫁接到可回收的预制脚手架上，脚手架的形状由计算机数字控制（CNC），使得植物可以生长成用来居住的房屋，融入生态社区中

注 释

第一章 生态设计：是什么和为什么

[1] Christopher Hawthorne, "Turning Down the Global Thermostat," Metropolis, October 1, 2003, www.metropolismag.com/story/20031001/ turning-down-the-global-thermostat.

[2] 区分生命周期分析和生命周期费用分析是很重要的。生命周期费用分析关注于事物寿命周期内使用者或拥有者的全部费用——购买投入、维修等。然而，生命周期分析包括环境和一些社会的投入。我们将在"标签和评级：量化生态设计"一章中讨论生命周期分析。

[3] William McDonough and Michael Braungart, Cradle to Cradle：Remaking the Way We Make Things (New York：North Point Press, 2002)；Buckminster Fuller, Operating Manual for Spaceship Earth (Carbondale, Ill.：Southern Illinois University Press, 1969). 福勒的书还可以通过巴克敏斯特·福勒研究室购买到(www.bfi.org)。还应注意的是，地球太空飞船的概念比福勒提出的更早，a 1966 essay by Kenneth E. Boulding, "The Economics of the Coming Spaceship Earth," in Environmental Quality in a Growing Economy, ed. Henry Jarrett (Baltimore：Johns Hopkins University Press, 1966), 3–14.

[4] 生态燃料通过太阳光来补给，潮汐能主要由于月球对地球的万有引力影响而产生，地热能来自地心，但是这些都统称为可再生能源。

[5] 三重基线的概念来自于John Elkington in Cannibals with Forks：The Triple Bottom Line of 21st Century Business (Stony Creek, Conn.：New Society Publishers, 1998).

[6] 这有一点被过于简化了。一些商业的理论声明，商业存在的唯一理由就是盈利，外部的费用例如与环境的影响是无关的。但是我们关注于设计，而不是商业，而且我认为，我们对三条底线"经济、生态、公平"的责任是平行的。

[7] Cynthia E. Smith, Design for the Other 90% (New York：Cooper-Hewitt, National Design Museum, with Editions Assouline, 2007). Exhibition catalog. Design for the Other 90% was an exhibition at the Cooper-Hewitt, National Design Museum that explored design for the 90 percent of the world's population who "have little or no access to most of the products and services many of us take for granted."

[8] 这个委员会是世界环境与发展委员会，经常被称为布伦特兰委员会。这个定义在联合国世界环境与发展委员会公约中的"第二部分：共同的未来，共同的挑战"(Oxford：Oxford University Press, 1987)。这个期刊被称为布伦特兰报告，可以在联合国网站上找到(www.un-documents.net/ocf-02.htm)。

[9] 同上。原始的联合国/布伦特兰报告定义可持续发展为"既能满足我们现今的需求，又不损害子孙后代能满足他们需求的发展模式。"但是这个定义完全是基于人类的，自然被认为是仅仅为了满足人类的需求而存在。

[10] 这里的概念源自亚伯拉罕·马斯洛的人类需求金字塔。proposed in A.H. Maslow, "A Theory of Human Motivation," Psychological Review 50, no. 4 (1943)：370–96.

[11] Salaries and benefits account for 85.8 percent of business operating costs according to the Light Right

Consortium, as referenced in U.S. Environmental Protection Agency, "Chapter 6: Lighting," in Energy Star Building Upgrade Manual (Washington, DC: Energy Star, 2006), 7. This can be accessed on the Energy Star website (www.energystar.gov/index.cfm?c=business. bus_upgrade_manual).

[12] 很多人推崇这一点. See Bruce Sterling, "What If Green Design Were Just Good Design?" Dwell, June 2001, 86-87. June 2001, 86-87.

[13] 随着本书写作的进行, 2009年能源的价格又回升了。

第二章 场地问题

[1] 根据CNN网站报道, 1970年到2000年在郊区生活的人口从38%扩大到了50%, "U.S. Population Now 300 Million and Growing," October 17, 2006, http://www.cnn.com/2006/US/10/17/300.million.over/index.html.

[2] 联邦政府的计划, 希望根据这个趋势拓宽贷款和房屋所有权的范围。

[3] 根据可持续经济的中心调查统计 (www.myfootprint.org), 生态足迹是支持每个人生命所需的生产土地与水源面积或者是一个地区消耗能源的模式和每年消化废物的能力, 都市的碳足迹由于人口密度大的原因, 几乎都要比郊区的碳足迹低。

[4] 新城市主义委员会是一个非营利性组织, 提倡适合步行范围的、混合功能的社区发展, 倡导可持续的社区和更健康的生活条件。http://www.cnu.org/who_we_are.

[5] 查看比赛结果, 可以查看网页www.re-burbia.com, 还可参见Ellen Dunham Jones and June Williamson, Retrofitting Suburbia: Urban Design Solutions for Redesigning Suburbs (Hoboken, N.J.: John Wiley & Sons, 2009), and Julia Christensen, Big BoxReuse (Cambridge, Mass.: MIT Press, 2008).

[6] 机构Architecture 2030对每平方米的新建项目和更新项目有非常清晰的分析比较, "Solu-tion: The BuildingSector" Architecture 2030, www.architecture2030.org/the_solution/buildings_solution_how.

[7] 仿生学是研究自然界的系统、元素和过程, 从中模仿或吸取灵感来解决人类的问题。

[8] Kitta MacPherson, "From Top to Bottom, Butler Will Be a Living Environmental Laboratory," News at Princeton, August 13, 2009, http://www.princeton.edu/main/news/archive/S25/01/12M89/index.xml?section=featured.一项在普林斯顿大学的研究, 显示了在六月, 普通屋顶和植被屋顶的温度有大约11℃的温度差。

[9] 在"可持续设计的未来"一章中, 这个障碍被进一步打破了。有些例子中, 建筑物实际上是在生长的。

第三章 水的使用效率

[1] U.S. Green Building Council, "Green Building by the Numbers," April 2009, www.USGBC.org/DisplayPage.aspx?CMSPageID=3340.

[2] Rebecca Lindsey, "Looking for Lawns," NASA Earth Observatory, November 8, 2005, http://

earthobservatory.nasa.gov/Features/Lawn/printall.php.

[3] 科罗拉多州部分地区在2009年结束了对雨水收集装置的限令。这个限令是基于州立法规，考虑到雨水的所有权，为了保护下游使用者的利益而定。

[4] 有些雨水收集系统可以提供饮用水，但是在美国并不常见。

[5] 考虑到关于泵的条例，目前还没有允许中水系统使用泵，可以考虑安装一个支路的泵，当法规更新的时候可以启动（这是一个应对未来变化的例子，将在“可持续设计的未来”一章中讨论）。

[6] 对于早期低流量马桶的问题，由加利福尼亚城市节水委员会进行的Maximum Performance(MaP)测试，结果显示每个马桶的固体废物都可以成功地被排除。http://www.cuwcc.org/MaPTesting.aspx.

[7] 术语“生态机器”和“生活机器”有的时候是可以互换使用的，都指代这种废水处理系统。生态设计师约翰·托德是第一个称呼它为“生活机器”的人，但是被另一个公司注册了这个名词。

[8] 可持续发展的定义长久以来被质疑是一个矛盾：我们如何才能有一种良好发展且不需要消耗任何资源？答案只能是，这种发展不需要任何的消费，即是一个自给自足的系统，或者是接近为零影响的系统。

第四章 能源效率：被动式技术

[1] U.S. Department of Energy, “Five Elements of Passive Solar Home Design,” last updated Septemb-er 14, 2010, www.energysavers.gov/your_home/designing_remodeling/index.cfm/mytopic=10270.

[2] 我们在这里假定是北半球的朝向，若在南半球的基地则南北方向要调整。

[3] 惰性住宅由惰性建筑系统（www.enertia.com）设计建造。

[4] 高层建筑几乎不可避免地要使用金属框架窗或者幕墙。

[5] 内含能量将在“材料”一章中讨论。

[6] LEED代表绿色能源与环境设计先锋奖（Leadership in Energy and Environmental Design），是一种建筑评价系统，我们将在“标签和评级：量化生态设计”一章中详细讨论。

[7] 技术上来说，热空气并不能上升，是冷空气和密度更大的气体由于重力作用下沉，使得热空气被排出。

第五章 能源效率：主动式技术

[1] EERE, “Solar FAQs—Photovoltaics—The Basics,” U.S. Department of Energy, http://apps1.eere.energy.gov/solar/cfm/faqs/third_level.cfm/name=Photovoltaics/cat=The Basics.

[2] 国家可再生能源实验室有一个叫作PV Watts的免费计算器，可以在这里下载：http://www.nrel.gov/rredc/pvwatts/version2.html。其他由制造商提供，例子可以从夏普公司的网站(http://sharpusa.cleanpowerestimator.com/sharpusa.htm)和RoofRay (http://roofray.com)找到。

[3] 国家鼓励可再生能源效率政策的数据库可以查看 http://www.dsireusa.org 。

[4] Alex Wilson, “Putting Wind Turbines on Buildings Doesn’ t Make Sense,” BuildingGreen Blogs, May 1, 2009, http://www.buildinggreen.com/live/index.cfm/2009/5/1/Putting-wind-turbines-on-buildings-doesnt-make-sense; and Alex Wilson, “The Folly of Building-Integrated Wind,” Environmental Building News, May 1, 2009, http://www.buildinggreen.com/auth/article.cfm/2009/4/29/The-Folly-

of-Building-Integrated-Wind/.

[5] 从技术上来说，地热指利用地表深处的热量来发电的技术。为了避免混淆，地热交换是讨论地源热泵时的术语。

[6] 另一种方法，地板下散热将在“室内环境质量”一章中的“热舒适”小节中讨论。

[7] Patrick W. James et al., “Are Energy Savings Due to Ceiling Fans Just Hot Air?” Florida Solar Energy Center, August 1996, http://www.fsec.ucf.edu/en/publications/html/FSEC-PF-306-96.

[8] Martin Holladay, “HRV or ERV?” Musings of an Energy Nerd (blog), GreenBuildingAdvisor.com, January 22, 2010, http://www.greenbuildingadvisor.com/blogs/dept/musings/hrv-or-erv.

[9] 在照明制造企业中，我们平时所说的灯泡被称做灯具，灯具被称做固定器，灯被称做光源。

[10] 新的光源有着复杂的色温要求指标，特别是以CRI作为标准。新的标准，例如色彩质量标尺正在发展之中。

[11] EPA对于清理打碎的紧凑型荧光灯的推荐步骤可见http://www.epa.gov/cfl/cflcleanup.html.

[12] David Bergman, “What's in a Name?” Architectural Lighting, March 2002, 40 (it can also be found at: http://www.archlighting.com/industry-news.asp?sectionID=0&articleID=452928). I wrote an article for Architectural Lighting several years ago proposing to change the name.

[13] 摩尔定律在1965年第一次被观测到，由George E. Moore发现，摩尔定律预言了电脑芯片处理能力的指数增长，基本上每18个月会翻一番。

[14] Heschong Mahone Group, Skylighting and Retail Sales: An Investigation into the Relationship between Daylight and Human Performance (Fair Oaks, Calif.: Heschong Mahone Group, 1999); and Heschong Mahone Group, Daylight and Retail Sales (Fair Oaks, Calif.: Heschong Mahone Group, 2003).

[15] Heschong Mahone Group, Windows and Offices: A Study of Office Worker Performance and the Indoor Environment (Fair Oaks, Calif.: Heschong Mahone Group, 2003); William McDonough and Michael Braungart, “Eco-Intelligence: The Anatomy of Transformation: Herman Miller's Journey to Sustainability with MBDC,” green@work, April/March 2002, http://www.greenatworkmag.com/gwsubaccess/02marapr/eco.html; and Judith Heerwagen, “Sustainable Design Can Be an Asset to the Bottom Line,” ED+C, July 15, 2002, www.edcmag.com/CDA/Archives/936335f1c9697010VgnVCM100000f932a8c0.

[16] 记住便宜并不是唯一的评价标准，规范和无私性也很重要。

第六章 室内环境质量

[1] Occupational Safety and Health Administration (OSHA), “Section III: Chapter 2: Indoor Air Quality Investigation,” in OSHA Technical Manual (Washington, DC: U.S. Department of Labor, 1999), http://www.osha.gov/dts/osta/otm/otm_iii/otm_iii_2.html.

[2] U.S. Environmental Protection Agency, “Indoor Air Facts No. 4 (revised) Sick Building Syndrome,” last updated September 30, 2010, http://www.epa.gov/iaq/pubs/sbs.html. The EPA differentiates SBS from building-related illness (BRI), which is “when symptoms of diag-

nosable illness are identified and can be attributed directly to airborne building contaminants."

[3] "Safety and Health Add Value...," OSHA, www.osha.gov/Publications/safety-health-addvalue.html.

[4] 奇怪的是，药物批准在美国比在欧洲花费的时间更长，更困难，因为生产商承担了证明药物安全性和有效性的负担。

[5] Edward O. Wilson, Biophilia (Cambridge, Mass.: Harvard University Press, 1984).

第七章 材料

[1] "Building-related construction and demolition debris totals more than 136 million tons per year or nearly 40 percent of the C&D and municipal solid waste stream." U.S. Environmental Protection Agency, Region 5 Office of Pollution Prevention and Solid Waste, "What's in a Building: Composition Analysis of C&D Debris," Joint Project of the Santa Barbara County Solid Waste and Utilities Division, The Community Environmental Council, and the The Sustainability Project, http://www.epa.gov/reg5rcra/wptdiv/solidwaste/debris/brownfields/index.htm.

[2] 曾经有一些推广活动，活动中明星们捐出他们的牛仔裤或者组织收集牛仔裤用来做保温材料，但是产品的大部分原料还是来自工业余料。

[3] 对于这个问题的讨论，结论是，可以升级循环的材料是堆肥材料，产生的结果比原料的价值高很多，而且这个过程也不需要很多的能量输入。相反的观点是，我们应当关注技术性养分，堆肥肥料是一种生物性养分。

[4] 用于混凝土的粉煤灰中的汞含量是受制约的。

[5] 生态认证和标签将在"标签和评价：量化生态设计"一章中讨论。

[6] Philip Proefrock, "Green Building Elements: Open Building," Green Building Elements (blog), April 30, 2007, http://greenbuildingele ments.com/2007/04/30/green-building-elements-open-building/#more-41.

[7] Andrew Dey, "Reinventing the House," Fine Homebuilding, October/November 2006, 58-63.

[8] 公平贸易的标签由国际公平贸易标签组织认证。

第八章 标签和评价：量化生态设计

[1] ISO是国际标准机构的简称，一个无政府参与的机构，发展和出版了国际性的标准。ISO 14000系统强调了环境方面的管理。

[2] 这个问题在"生命周期分析"小节中有所探讨。

[3] 对LEED应当注意到它并不是认证产品或材料的。产品和材料可以帮助一个建筑得到一定的分数，但是并不存在一种"LEED认证产品"。

[4] Mireya Navarro, "Some Buildings Not Living Up to Green Label," New York Times, Augus

t 30, 2009; and Henry Gifford, "A Better Way to Rate Green Buildings," September 3, 2008, EnergySavingScience.com.

第九章 可持续设计的未来

[1] 太阳能全能竞赛是一个两年一次的竞赛，在华盛顿的国家广场举办，在这里，各个大学的队伍将建造自给自足的太阳能住宅。

[2] "透明的绿色"是我很多演讲的主题，第一次是在Sallan基金会的网站上被讨论。http://www.sallan.org/Snapshot/2006/01/transparent_green_1.php.

[3] Micheline Maynard, "Say 'Hybrid' and Many People Will Hear 'Prius,'" New York Times, July 4, 2007, http://www.nytimes.com/2007/07/04/business/04hybrid.html?ex=1341288000&en=4beada66541df849&ei=5124.

[4] 蕾切尔·卡森是《寂静的春天》一书的作者，她所著的这本影响深远的书唤醒了一代人，让他们认识到了化学合成物的一些问题，并由此扩展到一般的技术。维克托·帕帕内克在《为真实世界而设计》一书和其他书中讨论过执业者的责任是针对人们的真实需求而设计。

术语表

1~9

3R: 指的是“减少、再利用和再循环”，是早期环保运动的口号。这三条措施按照重要性等级排序。有的时候会添加第四个“R”，例如“再思考、再生”。

B

被动式住宅: 一种节能建筑的设计和认证方法。

病态建筑综合征: 由于建筑室内污染引起使用者身体上的不舒服或者是疾病，使用者的症状在离开建筑后短时间内就可以康复。不同于建筑引起的疾病，这种疾病可以确诊和明确污染源。

薄膜太阳板/电池: 通过薄膜光伏电板产生电能的装置（相对于更传统的硅基光伏电板来说）。

步行社区: 一个围绕住宅而设计的社区，货物和服务都在步行、自行车或者其他非机动交通的范围内。参见“新城市主义”。

C

产品环境宣言: 一种材料或者产品标准化的环境属性声明，经常包括生命周期分析和在国际质量认证体系ISD14020中有所的定义。

垂直花园: 在城市高层结构中的农业结构，或者是在一种垂直植被墙上种植了相应的植物。

从摇篮到坟墓: 将物体的生命看做一种线性的观点，从开始（摇篮）到结束（坟墓）。对比参见“从摇篮到摇篮”，还可参见“生命周期分析” 。

从摇篮到摇篮: 一种设计方法，用来设计系统、建筑和材料，将其整个生命循环放到一个闭合的资源循环中看待。对比参见“从摇篮到坟墓”。

D

倒闭的购物中心: 不再经营或关闭的购物中心。

地热交换机: 带地热加热系统（包含地热源和土壤）的术语，应避免与地热发电混淆。

独栋豪宅: 一个非常大的别墅，经常有着夸张的设计，而且可能是建造质量很差的。

F

发光二极管（LED）: 一种基于半导体的光源，有别于加热金属丝或者充电气体的发光原理，也称为固态光源，参见“有机发光二极管”。

反光板: 一种水平的立面调整装置，一般靠近窗户的顶部，把光反射到天花板，使得自然光进入一个空间的更深处。

仿生学: 研究自然界系统、元素和过程的科学，为了模仿或者从中得到灵感来解决人类的问题。

分散式能源/发电: 分散式当地发电设备，例如当地太阳光伏电板或者当地风车。经常指不接入分配网络（又称为电网）的发电机。

粉煤灰: 一种煤燃烧后产生的轻质粉尘，一般需要收集。粉煤灰可以用在能源密集的波特兰水泥生产中。

辐射隔离：一种金属层，经常是反射性的，阻止辐射散热，经常用于阁楼中。

辐射加热：通过辐射来散热的系统，相对于一个温暖材料的对流散热方式而言。最常见的是水暖系统，系统中的管子充满循环热水；或者是电加热系统，利用地板下或者地板中的加热组件散热。

辐射量：衡量一个表面所吸收的太阳辐射的物理量（包括直射光和漫射光），用来预测太阳能加热系统或者光伏系统的能量产出。

覆土：建筑全部或部分建造在地下或者其上堆有用来保温的土壤。

负瓦数：负的瓦数，由于能源效率高或节约，从而不需要消耗能源的情况，由Amory Lovins提出。

服务性产品：相对于提供物品的所有权，服务性产品以物品所提供的服务作为一种产品。因为物品的所有权仍然归属于制造商（或者是服务提供者），对于维修、回收和升级的刺激转换到制造商，刺激形成完整的循环系统。服务性产品对比传统的消费产品还可能有着商务上的优势。

G

高级框架结构：参见“价值优化工程”。

光伏电池：一种将太阳光直接转化为电能的设备，太阳能光伏电池是硅基半导体，经常也被称为太阳能电池。

光污染：当人工照明点亮黑夜，经常会因此而看不到星光，意味着浪费了能源的情况。

光侵入：一个形容光污染的术语，指不被需要的光从室外进入一个空间中。

H

挥发性有机化合物：一种可以在室温蒸发的有机化合物，而且经常是对人体有害的，能导致室内空气质量变差。

J

集约住宅/集约发展：一片紧凑规划的住宅，用节约出来的土地来做开发空间、储备用地、再生用地或者农业。

技术性养分：对环境安全的，可以在另一循环中被继续使用的材料，一般是合成材料。对比参见“生物性养分”。

价值优化工程：最大化材料价值，且不损失强度的结构设计，经常以木结构为代表。也叫作高级框架设计或高级框架技术。

监管链：材料从获取原料到安装各阶段全过程的存档。经常应用于森林管理理事会认证材料，贯彻从产品的生产到消费全程的所有相关阶段。

减物质化：在设计中，使用更少的材料达到相同或类似的功能。

降级回收：材料损失价值或者质量的回收过程。

结构性保温板：一种包含了硬泡沫保温层和其表面包覆材料的复合结构。经常用定向刨花板制造。

结构性湿地：一种模仿自然湿地的原理，用来处理水体的人造的景观。

进料能量：在制造一种材料时作为一种配方输入的能量，例如在制造塑料过程中，石油作为一种材料输入（相对于能源输入）。

净电表：当存在基地内发电机且介入电网时使用。当一个建筑可以产生比所需要的能量更多的能源时，电表会反转，表示能源被卖给了发电公司。

精明增长： 与新城主义相关，一种对应城市蔓延扩张引起的副作用的规划概念。

净水： 饮用水，对比参见“中水”和“污水”。

居住建筑挑战： 一个绿色建筑认证系统，以前由美国绿色建筑委员会管理，现在由国际居住建筑研究所管理。

K

开放式建筑： 一种设计和建造方法，将建筑看作是由很多彼此独立但相互合作的不同层级组成的，建筑的各个层级可以分别升级或者修改，从而不需要拆除整体。

坎儿井： 一种地下水利系统，可以从高地利用重力引导水流，在2500~3000年前由波斯人发明。

可生物降解： 可以被生物的活动（例如微生物等）分解成无毒的材料。

空气交换机： 一种先进的通风系统，使室内外空气在两个空间内进行交换，回收排出空气中所含有的热量或冷气。还可以参见“能量回收通风机”和“热量回收通风机”。

L

LEED： “绿色能源与环境设计先锋奖”的缩写，一个评价绿色建筑的系统和专业认证体系。建筑被评为绿色的（认证的）、银级、金级和白金级（最高级绿色建筑）。

冷梁： 一种空调构件，在封闭的类似梁的结构中，利用水来冷却一个房间。主动式冷梁还会增设风扇来加强空气循环。

冷却屋顶： 一种有着高反射性和高辐射性的屋顶，在夏天不容易被加热，可以减少空调负担和热岛效应。

零能耗/零影响： 自己产生的能量足够自己每年消耗的情况，包括很多环境类别，如水等。参见“碳中和”。

露点： 空气达到饱和，不能够再吸收多余的水分时的温度。当露点温度高于空气温度时，水蒸气凝结，形成雾、露或者水滴。温暖的空气可以包含更多的水蒸气，所以当空气变冷（例如，被空调降温后），温度达到露点附近时，会更接近饱和状态。

绿色屋顶： 参见“植被屋顶（墙）”。

M

幕墙： 外侧的、不包含结构的建筑覆盖层，一般用玻璃制成。

密集型绿色屋顶： 一种种有深根系植物的屋顶，经常由于重量而只能覆盖一小部分面积。

N

内含能量： 提取、制造、切割等一种材料、产品或者建筑所耗能量的总和。通常包括进料能量，有时还包括寿命终止时报废材料所需的能量。

能量回收通风机： 一种可以传递水蒸气和热量的系统。参见“空气交换机”，对比参见“热量回收通风机”。

能源之星： 美国能源部在1992年建立的认证体系及认证过程，用来标示达到了节能要求的建筑和产品。

P

漂绿： 欺骗性的或者错误的环境声明，结合“绿色”和“粉饰”所造的词。

R

R值： 热阻值，参见“U值”。

热爱生命的天性： 一种理论，强调人类对于自然和自然元素有一种天生的亲近的倾向。

热泵： 一种将热量从一个较冷的地点转移到一个更温暖地点的装置，空气源热泵吸收冷空气中的能量，转移到温暖空气中，地源热泵或地热装置，将土地中或者靠近水面的热量传递到建筑中。

热岛： 一个区域（经常是城市地区），由于更多的热吸收面、铺地或者建筑使得水分蒸发面积减少，从而使其空气温度和表面温度比其他的地方更高。

热回收通风机： 一种空气交换机，能够将热量从排出气体中转移到室外新鲜空气中。参见“空气交换器”，对比参见“能量回收通风机”。

热能储存： 一种储存能量的方法，经常涉及利用低峰电能制冰、制冷水，在高峰时段使用。

热桥： 热量在两种材料之间很容易传播的途径，经常是通过一种导热性好的材料，如钢材。

热水即时加热器： 一种在需要热水的时候即时产生热水的装置。是相对于热水存储容器需要准备好热水以备使用而言的。

S

三重基线标准： 从单一基线（外部花费）拓展到了环境和社会理念两个基线。三重基线通常指人类、星球和利益或者是经济、生态和公平。

色温： 色温也叫作相关色温。一种衡量光源的白度或者光源看起来是什么样子的物理量，对比参见“显色指数”。

生产后回收： 在制造过程中对材料进行回收处理，通常是针对余料（那些没有被用在产品中的材料）。

生命周期分析： 一种评价材料、产品或者建筑从摇篮到坟墓的环境影响的方法。也叫生命周期评价。

生态机器： 一个结合了室内水池或者结构性湿地的通过自然过程净化水的系统。

生态墙： 见“植被屋顶（墙）”。

生态洼地： 用来处理淤泥和表面雨水径流污染的景观元素。

生态足迹： 一种衡量土地能够养活现存人口的度量方式，通常用来计算养活全部人类需要或者未来需要多少土地面积以及相关的生态产品和海洋面积。参见“碳足迹”。

生物基的： 由生物组织制造，通常指由一种产品由生物（动物或植物）材料或可再生材料制成。

生物燃料： 生物材料制成的燃料。

生物性养分： 可以被环境安全地吸收，变成另一种生物循环基础的材料，经常是有机材料。相对的是“技术性养分”。

生物质能： 一种来自于有机材料的能量来源，例如木头、农业废料或者其他的生物材料。

生长的机器： 参见“生态机器”。

生长的墙： 参见“植被屋顶（墙）”。

升级循环： 一种材料或产品的价值得到提升、再利用的过程。根据热力学定理，材料的升级循环，严格来讲并不存在。

适合生活的街道： 一个满足所有使用者需求的街道，而不是满足车辆的需要。出自Donald Appleyard在

1982年的同名书籍，也称为完整的街道。参见“步行社区”。

室内环境质量：一种衡量室内健康和舒适程度的物理量，包括室内空气质量、温度、湿度和自然光。

室内空气质量：衡量一个空间内空气所含污染物的物理量，对比参见“室内环境质量”。

水意识：一种由美国环境保护署开发的生态标签，倡导节水产品。

T

太阳能光伏电板：由一组光伏电池组成，能够将太阳光转变成电能。参见“光伏电池”。

太阳能/热收集器：可以收集太阳辐射来加热蓄热材料的系统，通常用水来蓄热。太阳能光伏电板也可以看做是一种形式的太阳能收集器，但是一般会被归到不同的分类中。

太阳烟囱：一种垂直的构件，随着其中空气被动加热上升，在底部形成负压区，对建筑起到自然通风的作用。也叫作热烟囱。

碳足迹：一种衡量个人、团体或者产品的温室气体排放量的度量，通常用相当于多少吨二氧化碳来衡量。参见“生态足迹”。

碳中和：一种所排放的二氧化碳或温室气体量不多于其固化或消耗的温室气体量的状态。参见“零能耗/零影响”。

特伦布墙：一种被动式采暖系统，由一面具有较多蓄热材料的南向垂直墙面、空气间层和一个阳光可以透过的透明表层构成。菲利克斯·特朗勃（Felix Trombe）使得这个概念广为流行（而不是最初的发明者），为纪念他而命名为特伦布墙。

脱网：一般指可以自给自足，不依赖于外界的输入。对建筑来说，指可以脱离公共设备管线（电、煤气、水、污水处理系统等）进行运行。

拓展型绿色屋顶：一种种植浅根系植物的植被屋顶，通常覆盖较大范围，对比参见“密集型绿色屋顶”。

U

***U*值：**导热系数，即*R*值的倒数，用来表示窗的热性能。

W

外部成本：由于第三方引起的花费，例如由个人或者是社会引起的，而不是污染者已经付过的代价。

为拆装而设计：类似于“为解构而设计”，但是一般用于工业设计中。

为解构而设计：一种设计方法，预见了建筑或产品在结束生命时候的情况，使得材料可以被区分再利用、被回收或者被分解。参见“为拆装而设计”。

未开发用地：未开垦开发过的土地，对比参见“棕色地带”。

无定形硅电池：参见“薄膜太阳板/电池”。

污水：接触过人类、动物或者厨余垃圾的废水，是相对于“中水”和“净水”而言的。

X

Xeriscape：指节水型园艺景观。通过材料和植被降低或者消除了灌溉需要的景观设计，特别是在干旱气候下。

显色指数：相对于理想光源，衡量一种光源对物体的显色能力的物理量，0为低值，100为理想值。参见“色温”。

消费后回收：在材料或产品作为一种消费品的生命结束后，对材料或产品进行的回收处理过程。

消费前循环：参见“生产后回收”。

效率：产生某种结果的能力，在照明工业中，效率指产生光源的能力，或者是相对于所消耗的能量，产生的光的输出量，经常用流明每瓦来度量。

泄漏：在常压下，有毒化学物质或者气体泄漏。

新城市主义：一种社区设计方法，强调城镇或者城市适合步行、综合利用和高密度的特性。由新城市主义委员会编纂成文。参见“精明增长”和“步行社区”。

蓄热体：可以吸收热量的物体。蓄热量大的物体可以吸收较多的热能，并且可以缓慢释放，可以平衡一天当中的冷热循环。参见“特伦布墙”。

Y

烟囱效应：利用温度差来使得空气沿着某一空间运动，例如热空气会上升。

有机的：当指代食物和特定产品时，按美国农业部的定义，指由具有可再生资源的农场所生产的，可以节约土壤和水以及加强未来环境质量的食物和产品。美国农业部还建立了有机认证的三级标准。参见“自然的”。

有机发光二极管（OLED）：一种利用了有机化合物薄膜而不是点状硅基光源的发光二极管，参见“发光二极管”。

预防原则：在缺乏科学认证时，以避免产生对健康或者环境的危害为首要原则。

预见未来发展的：在设计中，设计和结构预见了未来的需要和发展，建筑和产品不会很快地在技术或功能上被淘汰。

Z

遮阳：一种外遮阳技术，通常使用水平向的表面或者是百叶状，用来遮挡阳光进入窗户。

棕色地带：已经开发但后来被遗弃或者不再利用的土地或者建筑，也许会含有有害的物质，但不是未开发的用地。

转基因食物：基因通过基因工程修改过的有机物。

中水：从盥洗盆、淋浴、厨房、洗碗机等排出的废水。经过净化，中水一般用于非饮用目的，如冲马桶和灌溉。对比参见“污水”和“净水”。

整合设计：一种强调在设计早期阶段就引入各个部分（设计师、业主、经营者和顾问等）合作的设计方法，以达到考虑建筑整体性的目的。

自然的：一个并不规范的术语，指食物或产品不含有合成材料或者没有使用杀虫剂、合成废料等。参见“有机的”。

再生设计：一种生态设计的方法，超越了可持续性，做到修复、再生自然系统。

滞留池/滞留盆：一种处理大量雨径流的永久性人工水池。

智能电网：可以适应双向信息传输的升级电网，允许节能措施的使用，如可以储存低峰时期电能的智能电器和可计量建筑内发电的净电表。

沼泽：一种地面的洼陷，可以改变或引导雨水径流。参见“生态洼地”。

植被屋顶（墙）：屋顶（或墙）结构的部分或全部由植物所覆盖。植被屋顶由几个不同层次构成，其中包括生长介质和在防水膜（或传统屋顶）上的根系阻隔层。类似地，植被墙或者是生长的墙，由实际的墙体结构和植物层组成，植物层有培养皿或者是爬藤植物，使得植物在外面生长。也有在室内生长的植物墙。参见“拓展型绿色屋顶”和“密集型绿色屋顶”。

参考文献

[1] Birkeland, Janis. Design for Sustainability: A Sourcebook of Integrated, Eco-Logical Solutions [M]. London: Earthscan, 2002.

[2] Dunham-Jones, Ellen, and June Williamson. Retrofitting Suburbia: Urban Design Solutions for Redesigning Suburbs [M]. Hoboken, NJ: Wiley, 2009.

[3] Ginsberg, Gary, and Brian Toal. What's Toxic, What's Not [M]. New York: Berkley, 2006.

[4] Gissen, David, ed. Big & Green: Toward Sustainable Architecture in the 21st Century [M]. New York: Princeton Architectural Press, 2003.

[5] Johnston, David, and Scott Gibson. Green from the Ground Up: Sustainable, Healthy, and Energy-Efficient Home Construction [M]. Newtown, CT: Taunton, 2008.

[6] Mazria, Edward. The Passive Solar Energy Book: A Complete Guide to Passive Solar Home, Greenhouse, and Building Design [M]. Emmaus, PA: Rodale, 1979.

[7] McDonough, William, and Michael Braungart. Cradle to Cradle: Remaking the Way We Make Things [M]. New York: North Point Press, 2002.

[8] McLennan, Jason F. The Philosophy of Sustainable Design: The Future of Architecture [M]. Kansas City, MO: Ecotone, 2004.

[9] Susanka, Sarah, and Kira Obolensky. The Not So Big House: A Blueprint for the Way We Really Live [M]. Newtown, CT: Taunton Press, 2001.

[10] Yeang, Ken. Ecodesign: A Manual for Ecological Design [M]. London: Wiley-Academy, 2006.

[11] Yudelson, Jerry. Green Building A to Z: Understanding the Language of Green Building [M]. Gabriola Island, BC: New Society, 2007.

[12] BuildingGreen. http://www.buildinggreen.com.

[13] Building Science Corporation. http://www.buildingscience.com.

[14] Green Building Advisor. http://www.greenbuildingadvisor.com.

[15] Oikos. http://oikos.com.

[16] Passive House Institute U.S. http://www.passivehouse.us.

[17] The Pharos Project. http://www.pharosproject.net.

[18] U.S. Department of Energy. http://www.eere.energy.gov.

[19] U.S. Green Building Council: Research Publications. http://www.usgbc.org.

版权所有

所有照片版权除特别说明外，归大卫·伯格曼或洛莉·格林伯格所有。分析图或表格除特别说明外，版权归洛莉·格林伯格或杰森·Q·贝利所有。

9：Courtesy, The Estate of R. Buckminster Fuller；11：Adapted from "Gross Production vs. Genuine Progress, 1950-2004," Redefining Progress, Oakland, CA. www.rprogress.org；12：CPG Consultants；15：Adapted from USGBC；18：Courtesy, The Estate of R. Buckminster Fuller；23：Purnima McCutcheon/Architecture for Humanity；25t：D'Arcy Norman；25b：James Corner Field Operations；26：Vincent Callebaut Architectures；27：Adapted from Construction Users Roundtable, "Collaboration, Integrated Information, and the Project Lifecycle in Building Design and Construction and Operation" (WP-1202), August 2004；29：Adapted from greenandsave.com；33t：Southeastern Wisconsin Regional Planning Commission；33bl：©iStockphoto.com/NLN；33br：©iStockphoto.com/toddmedia；35：Michael Mehaffy；36：Courtesy of Bing Thom Architects；37：Adapted from National Association of Home Builders, "(Housing Facts Figures and Trends for 2006"；38：Courtesy of Susanka Studios；40tr：Courtesy of American Hydrotech, Inc.；40b：© Cook+Fox Architects；40tl：Courtesy of Bomonite；41t：Environmental Design & Construction, "Green Roofs: Stormwater Management from the Top Down," January 15, 2001；41b：Courtesy of Little Diversified Architectural Consulting；42t：Patrick Blanc；42b：Courtesy of the Vertical Farm project；44：Doug Klembara；46t：Adapted from USGS, "Earth's Water Distribution"；46b：Adapted from U.S. EPA, "Indoor Water Use in the United States"；47l：Leslie Furlong；47r：Photo by Fritz Haeg；52t：© 2009 John Todd Ecological Design/J.C. Bouvier；52bl/br：© Anne Mandelbaum；53：Svr Design Company；56t/b：Chandler Lee；57：Adapted from DOE, "Passive Solar Design for the Home," February 2001；62tl/tr：Alexis Kraft；62bl/br：Adapted from LBNL；63：Adapted from Enertia.com；64t：Photo by Brad Feinknopf；64bl/br：Photo by Michele Alassio；65：Bull Stockwell Allen, Architecture + Planning；69：Courtesy of The National Fenestration Rating Council (NFRC)；78t：© Anne Mandelbaum；80b：Adapted from worldarab.net；80t：Perry L. Aragon；81tl：Nigel Paine；81bl：Image courtesy of City of Melbourne；81br：Nick Carson at en.wikipedia；82t：KPF；82b：H.G. Esch；83：Jeremy Wold；86l/r：Adapted from southface.org and homepower.com；87：SunMaxx；88：SRG Partnership, Inc.；90tl：Courtesy of Global Solar Energy, Inc.；90b：Evo Energy；90tr：SRG Partnership, Inc.；92l：Architect：Oppenheim Architecture + Design；Renderings：Dbox；92r：Quietrevolution；94：Provided courtesy of HOK/credit：Steve Hall of Hedrich Blessing；95：Adpated from DOE/EERE；96tl/tr：Adapted from buildinggreen.com；96b：Warmboard Radiant Subfloor；98：Adapted from iaq-source.com；103：Author's collection；106：Adapted from U.S. EPA；110：Adapted from energystar.gov；111l：David Bergman Architect；fixture from Bruck；111r：Philips Lighting；112：Courtesy of Lutron Electronics Co., Inc.；113：Agilewaves；114：Architectural Grilles and Sunshades, Inc. (AGS, Inc.)；115r：Image courtesy of Parans Solar Lighting；117：Autodesk and Integrated Environmental Solutions Limited；118：Adrian Smith + Gordon Gill Architecture；120：Adapted from OSHA Technical Manual；123：David Bergman Architect；126：Photos by Enrico Cano；130：Adapted from NAHB, "Residential Construction Waste: From Disposal to Management"；132t：Gregg Eldred；132b：Courtesy, The Estate of

R. Buckminster Fuller; 133t: Benny Chan; 133b: Garrison Architects; 135tl: Energy Panel Structures, Inc.; 135tr: Image courtesy of FLIR Systems; 135b: EHDD Architecture; 136: Nigel Young / Foster + Partners; 138r: Coverings, Etc.; 140l: David Bergman Architect; 141: Adapted from Architecture 2030, "Material Selection and Embodied Energy," www.architecture2030.org/regional_solutions/materials.html; 142/143: Dreamstime; 145: From the Collections of The Henry Ford; 146: Herman Miller; 149l: Photo by Gregory La Vardera Architect; 149r: Photo by Gregory La Vardera Architect; 157: All logos used by permission. FSC Trademark © 1996 Forest Stewardship Council A.C.; 161: Sources: Deanna H. Matthews, et. al., "DOE Solid-State Lighting Life Cycle Assessment," Green Design Institute, Carnegie Mellon University, 2009; Osram, "Life Cycle Assessment of Illuminants: A Comparison of Light Bulbs, Compact Fluorescent Lamps and LED Lamps," November 2009; Laurie Ramroth, "Comparison of Life-Cycle Analyses of Compact Fluorescent and Incandescent Lamps Based on Rated Life of Compact Fluorescent Lamp," Rocky Mountain Institute, February 2008; and Maarten ten Houten, "LCA and Green Product Design"; 164: Adapted from Architectural Record, May 2009; 165b: Adapted from GreenSource, "Building a New LEED," November 2008; 167: Designs by Michelle Kaufmann; photo by John Swain Photography; 169: Ron Guillen; 170: All rights are reserved to Dr. David Fisher and related to Dynamic Architecture; 171: David Bergman Architect; 173: SMP Architects; 176: ©Ferdinand Ludwig, IGMA/University of Stuttgart; 177: Dr. Mitchell Joachim, Terreform ONE